肥料中三聚氰胺的
检测方法及其迁移转化研究

孙明星　周　辉　沈国清　李　晨　等编著

复旦大学出版社

内容提要

肥料是土壤-作物系统中农作物生长最基本的营养来源，其中，增加氮肥投入是发展农业生产的主要途径之一。三聚氰胺是一种广泛使用的高含氮杂环有机化合物，国内外对三聚氰胺废渣资源化利用的肥效已有大量的研究报道。2008年，在我国三聚氰胺食品污染事件发生后，肥料中三聚氰胺在土壤-作物系统中的环境行为正越来越受到广泛关注。但目前有关土壤-作物系统中三聚氰胺检测方法及其迁移转化机制的研究十分缺乏。本书在总结多年来从事肥料分析与土壤环境污染物迁移转化研究工作经验的基础上，系统阐述国内外有关肥料和土壤-作物中三聚氰胺检测方法及其迁移转化概况，汇集了作者在三聚氰胺HPLC，LC-MS/MS和电导离子色谱检测方法，肥料中阴离子检测方法以及在土壤-青菜、小麦和马铃薯系统中三聚氰胺迁移转化机制的最新研究成果，并在编著内容上力求详细、完整和实用。

本书主要供从事农业、肥料、土壤等分析的检测者参考，也可作为从事农业土壤肥料、农业环境安全风险研究学者的参考资料。

编写人员

孙明星　　沈国清　　周　辉

李　晨　　王亭亭　　曹林奎　　闵　红

前　言

　　肥料是土壤-作物系统中农作物生长最基本的营养来源，其中，增加氮肥投入是发展农业生产的主要途径之一。三聚氰胺是一种广泛使用的高含氮杂环有机化合物，国内外对三聚氰胺废渣资源化利用的肥效已有大量的研究报道。2008年，我国三聚氰胺食品污染事件发生后，肥料中三聚氰胺在土壤-作物系统中的环境行为正越来越受到广泛关注。然而，目前有关土壤-作物系统中三聚氰胺检测方法及其迁移转化机制的研究十分缺乏。为此，在上海市农委、上海出入境检验检疫局工业品与原材料中心和上海交通大学农业与生物学院的大力支持下，我们在总结多年来从事肥料分析与土壤环境污染物迁移转化研究工作经验的基础上，吸收了国内外较为先进的方法，编著了这本《肥料中三聚氰胺的检测方法及其迁移转化研究》，期望对从事肥料中三聚氰胺风险评价、污染控制及其资源化利用的广大科技工作者有所裨益。

　　全书在系统阐述国内外有关肥料、土壤-作物中三聚氰胺检测方法及其迁移转化研究的基础上，汇集了作者采用 HPLC，LC - MS/MS 和电导离子色谱法，测定肥料或土壤中三聚氰胺含量的检测方法以及土壤-青菜、小麦和马铃薯系统中三聚氰胺迁移转化机制的最新研究成果,并在编著内容上力求详细、完整和实用。

鉴于编著者水平有限,本书尚有不足之处,恳请读者批评指正。

编著者

2013 年 8 月

目　录

第一章　肥料中的三聚氰胺及其迁移风险 ················· 1

1.1　肥料中的三聚氰胺 ················· 1

1.2　三聚氰胺 ················· 2

　　1.2.1　三聚氰胺的理化性质 ················· 2

　　1.2.2　三聚氰胺的毒性 ················· 3

1.3　土壤-作物系统中三聚氰胺的迁移转化 ········· 6

　　1.3.1　土壤中的三聚氰胺 ················· 6

　　1.3.2　肥料中的三聚氰胺 ················· 7

　　1.3.3　三聚氰胺的迁移转化 ················· 10

第二章　国内外三聚氰胺检测方法研究现状 ········· 15

2.1　化肥中三聚氰胺的检测方法概述 ············· 15

2.2　三聚氰胺检测的前处理技术 ················· 18

　　2.2.1　超临界流体萃取 ················· 19

　　2.2.2　加速溶剂萃取 ················· 20

　　2.2.3　固相微萃取 ················· 21

2.3　三聚氰胺的检测方法 ················· 22

　　2.3.1　重量法 ················· 22

　　2.3.2　电位滴定法 ················· 23

　　2.3.3　光谱法 ················· 24

2.3.4　酶联免疫吸附法 ·················· 25

2.4　三聚氰胺的色谱检测法 ·········· 26

2.4.1　高效液相色谱法 ·················· 26

2.4.2　液相色谱-质谱联用分析法 ·········· 27

2.4.3　气相色谱-质谱联用法 ·········· 28

第三章　肥料及土壤中三聚氰胺 HPLC 和 LC‑MS/MS 检测方法研究 ················ 29

3.1　材料与方法 ·········· 30

3.1.1　仪器 ·········· 30

3.1.2　试剂 ·········· 30

3.1.3　方法 ·········· 30

3.2　结果与分析 ·········· 31

3.2.1　三聚氰胺 HPLC 分析方法 ·········· 31

3.2.2　三聚氰胺 LC‑MS/MS 分析方法 ·········· 35

3.3　小结 ·········· 38

第四章　三聚氰胺的样品前处理技术研究 ·········· 39

4.1　材料与方法 ·········· 39

4.1.1　仪器 ·········· 39

4.1.2　试剂 ·········· 39

4.1.3　供试材料 ·········· 40

4.1.4　样品前处理 ·········· 40

4.1.5　方法回收率试验 ·········· 41

4.2　结果与分析 ·········· 41

4.2.1　土壤中三聚氰胺测定的前处理方法 ·········· 41

4.2.2　蔬菜中三聚氰胺测定的前处理方法 ·········· 43

4.2.3　肥料中三聚氰胺测定的前处理方法 ·········· 46

4.3　小结 ·········· 48

第五章 **电导离子色谱法检测肥料与土壤中的**

三聚氰胺 ······ 50

  5.1   材料与方法 ······ 50

    5.1.1   仪器与设备 ······ 50

    5.1.2   材料与试剂 ······ 51

    5.1.3   色谱条件 ······ 51

    5.1.4   样品测定 ······ 51

  5.2   结果与讨论 ······ 51

    5.2.1   检测器的选择 ······ 51

    5.2.2   化肥中的干扰离子 ······ 52

    5.2.3   淋洗液的选择 ······ 53

    5.2.4   样品的前处理方法的选择 ······ 57

    5.2.5   线性范围和仪器最低检出限 ······ 57

    5.2.6   回收率试验以及方法检测范围的确定 ······ 58

    5.2.7   实际样品测定 ······ 59

    5.2.8   与高效液相色谱测定结果对照 ······ 59

    5.2.9   两个实际样品($1^{\#}$,$15^{\#}$)的回收率试验 ······ 60

  5.3   小结 ······ 62

第六章 **肥料中三聚氰胺的降解动态与作物吸收效应**

研究 ······ 64

  6.1   材料与方法 ······ 64

    6.1.1   仪器 ······ 64

    6.1.2   试剂 ······ 65

    6.1.3   供试材料 ······ 65

    6.1.4   试验方法 ······ 65

  6.2   结果与分析 ······ 67

    6.2.1   不同质量比的三聚氰胺在土壤中的

        降解动态 ······ 67

6.2.2 不同处理 50 天后两种蔬菜对三聚氰胺的
吸收效应 ······· 69

6.2.3 青菜吸收三聚氰胺的生物效应 ······· 71

6.2.4 作物吸收三聚氰胺的影响因素 ······· 72

6.3 小结 ······· 77

第七章 **化肥中微量阴离子的测定方法研究** ······· 79

7.1 国内外方法概述 ······· 81

7.2 氢氧根梯度淋洗分析条件的选择和
优化 ······· 83

7.2.1 试验安排 ······· 83

7.2.2 离子色谱分析条件研究 ······· 83

7.2.3 化肥中的共存离子干扰和净化 ······· 86

7.2.4 方法的线性关系 ······· 90

7.2.5 方法的检测限 ······· 91

7.2.6 方法的精密度及回收率 ······· 92

7.2.7 方法的验证及再现性比较 ······· 94

7.2.8 实际样品测定 ······· 96

7.2.9 碳酸根等度淋洗分析方法比较 ······· 96

7.3 结论 ······· 98

附录 1 中华人民共和国出入境检验检疫行业标准 化肥
中三聚氰胺含量的测定——高效液相色谱法和
离子色谱法 ······· 99

附录 2 中华人民共和国国家标准 化肥中微量阴离子的
测定 离子色谱法 ······· 110

参考文献 ······· 122

第一章
肥料中的三聚氰胺及其迁移风险

1.1 肥料中的三聚氰胺

　　三聚氰胺是一种用途十分广泛的三嗪类含氮杂环有机化工中间产品,广泛用于涂料、塑料、纺织、造纸等工业生产中。自2008年"三鹿"奶粉中发现含有三聚氰胺以后,在中国乃至世界范围内引起了极大的恐慌[1],三聚氰胺已经成为一种出乎意料的新型环境污染物[2, 3]。事实上,工业生产中大量使用三聚氰胺制造的产品,无论以何种方式降解、转化和迁移,其中的三聚氰胺及其同系物不可避免地要进入土壤环境中[3, 4]。

　　土壤是农作物生产的重要载体,其质量状况不仅直接影响到农作物的产量,而且与农产品安全和人体健康密切相关,目前,已有报道表明,除了牛奶、鸡蛋等动物产品受到三聚氰胺蓄意污染以外,蘑菇、芹菜、莴苣、西红柿、苋菜和雍菜等蔬菜中也受到来自环境中的三聚氰胺的无意污染,其中,在蘑菇中的残留最高达17 mg/kg[4, 5]。国内外对环境中三聚氰胺污染途径研究表明,三聚氰胺"联产"技术生产的化工产品及农兽药环丙胺嗪药物的使用、聚合树脂中三聚氰胺的迁移等是导致土壤环境中三聚氰胺污染的主要途径[6,7]。早在 2007 年,联合国粮农组织就曾指出,作为农药或动物杀虫剂使用的环丙胺嗪,在分解后可能会产生三聚氰胺。除此之外,由于三聚氰胺的含氮量高达 66.6%,有报道指出,我国每年生产的 50 万吨三聚氰胺的废渣全氮含量为 50.01%,可以制成肥料,为植物提供氮素营养,实现资源化利用[8,9]。然而,土壤中的三聚氰胺是否会被植物吸收,是否对作物产生毒害? 至今,国内外尚存争论。有关三聚氰胺的检测方法也大多集中在乳制品方面。因此,无论是从环境中三聚氰胺污染控制,还是从三聚氰胺的资源化利用的角度,开展土壤-作物系统中三聚氰胺的检测及其迁移转化机制研究,对于控制土壤三聚氰胺进入食物链,保障农产品质量安全具有十分重要的理论和实践意义。

1.2　三聚氰胺

1.2.1　三聚氰胺的理化性质

三聚氰胺(melamine)化学名为 2,4,6-三氨-1,3,5 三嗪,俗称蜜胺、氰尿酰胺、三聚酰胺,分子式为 $C_3N_3(NH_2)_3$,分子结构如图 1-1 所示。

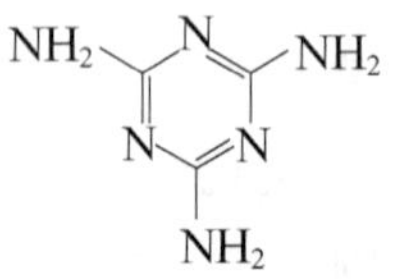

图 1-1　三聚氰胺结构式

三聚氰胺为纯白色单斜棱晶体,无味,密度为 1.573 g/cm³ (16 ℃),相对分子质量为 126.12。常压下熔点为 354 ℃,升华温度为 300 ℃。水中溶解度为 3.1 g/L(21 ℃),溶于热水,微溶于冷水。不溶于醚、苯和四氯化碳,可溶于甲醇、甲醛、乙酸、热乙二醇、甘油和吡啶等。

通常情况下三聚氰胺性质较稳定,但在高温下会分解,释放出氰化物。由于其呈弱碱性(pH=8),故能与大多数酸反应,形成三聚氰胺盐。在中性或微碱性情况下,与甲醛发生缩合反应,生成羟甲基三聚氰胺;在微酸性条件下(pH 值 5.5～6.5),与羟甲基的衍生物发生缩聚反应,生成树脂产物。三聚氰胺遇到强酸或强碱水溶液,会发生水解反应[10],胺基逐步被羟基取代,先生成三聚氰酸二酰胺,进一步生成三聚氰酸一酰胺,最终生成三聚氰酸,这三者均为三聚氰胺的同系物[11]。

1.2.2 三聚氰胺的毒性

三聚氰胺本身为低毒物质[12, 13],但在有三聚氰酸存在的条件下,毒性会增强[12]。美国食品和药品管理局(FDA)于 2007 年 5 月 25 日发布的风险评估报告指出,人体的三聚氰胺可容忍日摄入量(tolerable daily intake, TDI)为 0.63 mg/(kg · d)[14],而且 FDA 于 2008 年 10 月 3 日把 TDI 值调整为 0.063 mg/(kg · d)[15]。我国卫生部于 2011 年 4 月 6 日规定的三聚氰胺在食品中的限量值:婴儿配方食品中三聚氰胺的限量值为 1.0 mg/kg,其他食品中三聚氰胺的限量值为 2.5 mg/kg,高于上述限量值的食品一律不得销售[16, 17]。

(1)急性毒性:大鼠连续 2 h 吸入三聚氰胺粉尘 200 mg/m³,未见明显的中毒症状。大鼠经口喂食的半数致死量(LD_{50})为 3.16 g/kg,小鼠经口喂食的半数致死量(LD_{50})为 4.55 g/kg[13]或大于 5 000 mg/kg[18]。

(2)亚慢性及慢性毒性:大鼠吸入 80～100 mg/m³,2 次/天,6 次/周,连续 4 个月以上,出现体重增加迟滞,中枢神经系统及肾功能紊乱,肺内炎性改变等,长时间反复接触可对肾脏造成损伤,但是对眼及皮肤无刺激作用[13]。王玉燕(2010)等[19]发现大鼠染毒 25 mg/kg 体重,5 周后,肾脏由于受到结晶体的挤压而严重缺血,呈现出黄色沙石样改变。此外,对狗的慢性毒理研究发现,三聚氰胺能导致肾脏纤维化、远曲小管以及集合管上皮的增生好扩张、甲状腺萎缩、淋巴细胞浸润、钙质沉着等症状[20]。

（3）生殖发育毒性：研究表明，三聚氰胺具有一定的生殖发育毒性。在大鼠实验中得出的最敏感的经口摄入生殖发育毒性的无可见有害作用水平（NOAEL）为 400 mg/(kg·g)（雌鼠）、1 060 mg/(kg·g)（雄鼠）[14]。

（4）致癌性：目前国际癌症研究机构（IARC）评估三聚氰胺对人类致癌性属于三级。高剂量三聚氰胺具有致癌性。Okumura M(1992)等[21]的研究证明，饲喂含 30 g/kg 三聚氰胺饲料能诱发 344 只鼠的膀胱肿瘤和输尿管肿瘤，而且这两个疾病发病率高度相关，他们认为三聚氰胺诱发膀胱癌和泌尿道增生性疾病归因于结石的形成。此外，Cremonezzi(2001)等[22]利用三聚氰胺处理一种有免疫缺陷的小鼠（BALB/C），小鼠成功复制出泌尿道肿瘤模型。

（5）其他毒性：Cianciolo(2008)等[23]用三聚氰胺污染过的猫食喂养 70 只猫，观察到其中 43 只出现体征，包括食欲不振、呕吐、多尿、烦渴和嗜睡等，喂养 7～11 d 后，38 只猫出现氮质血症。而三聚氰胺和三聚氰酸联合中毒的猪临床上还表现出渐进性消瘦，皮肤粗糙等症状[24]。

三聚氰胺的生物毒性见表 1-1 所示。

表 1-1　三聚氰胺的生物毒性[25~27]

类型	描述项目	实验材料	方法规程	结果
生态毒理效应	对陆生植物的毒性	大麦		$EC_{50,4d} = 530 \text{ mg/kg}$
		普通小麦		$EC_{50,4d} = 900 \text{ mg/kg}$
		萝卜		$EC_{50,4d} = 930 \text{ mg/kg}$
		水芹		$EC_{50,4d} = 1\,100 \text{ mg/kg}$
		豌豆		$EC_{50,4d} = 1\,680 \text{ mg/kg}$

类型	描述项目	实验材料	方法规程	结果
	对非土居微生物的毒性	活性淤泥	OECD 209 方法	$EC_0 > 1\,992\ mg/L$
	对鱼类的急性毒性	圆腹雅罗鱼	德国国家标准（DIN）38412/L 20 方法	$LC_{50,48h} > 500\ mg/L$
	对鱼类的急性毒性	美国旗鱼	鱼类早期生活阶段毒性试验	$NOEC > 1\,000\ mg/L$
	对水生植物的毒性	毯毛栅藻		$EC_{50,4d} = 940\ mg/L$ $NOEC_{4d} = 320\ mg/L$
毒理效应	急性口服毒性	Fischer 344 大白鼠；B6C3F1 老鼠	美国国家毒物学计划（NTP）方法	$LD_{50} = 3\,161\ mg/kg$ $LD_{50} = 3\,296\ mg/kg$
	急性吸入毒性	大鼠		$LC_{50} = 3\,248\ mg/m^3$
	急性经皮毒性	兔子		$LD_{50} > 1\,000\ mg/kg$
	致敏作用	成人；几内亚猪		无过敏反应
	重复剂量毒性	大老鼠	口服饲料14 d，NTP方法	$NOEL = ca.\ 417\ mg/kg, bw$
		大老鼠	口服饲料28 d，调查结石情况	$NOEL = ca.\ 240\ mg/kg, bw$
		老鼠	口服饲料13周，NTP方法	$NOEL = ca.\ 1\,600\ mg/kg, bw$

续　表

类型	描述项目	实验材料	方法规程	结果
	致癌性	大老鼠	口服饲料 13 周,公鼠的处理浓度为 2 250 和 4 500 mg/kg,母鼠为 4 500 和 9 000 mg/kg,NTP 方法	公鼠阳性反应,母鼠呈阴性反应,NOEL = ca. 126 mg/(kg·d),bw
		诱发扩散试验		三聚氰胺不是诱发因子
	发育毒性/致畸性	大老鼠	OECD 414 方法	NOEL=ca. 400 mg/kg,bw(母体毒性),NOEL = ca. 1 060 mg/kg,bw(胎儿毒性),无致畸性
	毒物代谢动力学实验	大老鼠		三聚氰胺在体内不被代谢,随尿液直接排出体外

注:EC$_{50}$,半数有效浓度;(EC$_{50}$)$_r$,无反应浓度;LC$_{50}$,半数致死浓度;NOEC,无可见效应浓度;LD$_{50}$,半数致死剂量;NOEL,无可见作用剂量水平;bw,体重;ca.,副词,表示大约、大概;OECD,经济合作与发展组织标准;DIN,德国标准,相当于中国国际 GB;NTP,美国国家毒物学计划。

1.3　土壤-作物系统中三聚氰胺的迁移转化

1.3.1　土壤中的三聚氰胺

已有研究表明,土壤中的三聚氰胺主要来源于农药环丙氨嗪(cyromazine)的大量使用以及添加三聚氰胺的化学肥料。环丙氨嗪又名灭蝇胺,是一种高效的昆虫生长抑制剂类杀虫剂,其分子式

为 $C_6H_{10}N_6$,化学名为氮-环丙基-1,3,5-三嗪-2,4,6-三胺,对双翅目及部分鞘翅目昆虫幼虫的发育有很强的抑制作用,2002 年农业部将环丙氨嗪批准为三类新兽药。在我国农药登记中,灭蝇胺是一种杀虫效果极好且应用广泛的农药,主要用于防治的害虫有:黄瓜、菜豆和花卉上的美洲斑潜蝇、斑潜蝇,以及韭菜上的韭蛆等[28, 29]。灭蝇胺在动物和植物体内可通过脱烷基作用代谢为三聚氰胺,亦可在环境中通过光降解形成三聚氰胺,其化学结构式如图 1-2 所示。

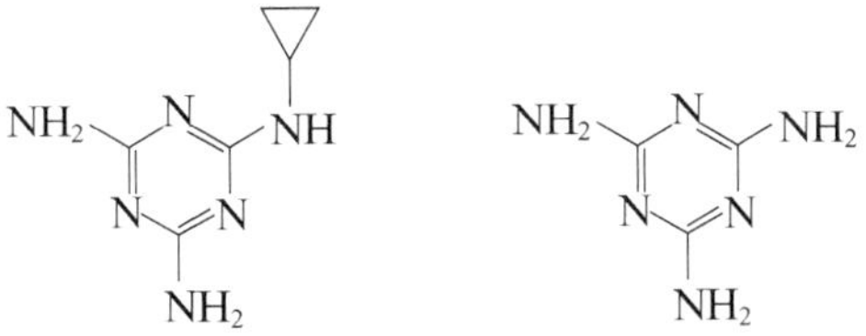

图 1-2 环丙氨嗪和三聚氰胺结构式

Hartley 和 Kidd(1983)[30]报道,当灭蝇胺用在有叶子的植物上时能表现强大的作用力;当它用在土壤中时,它能通过植物的根部迁移到作物的顶部;当灭蝇胺暴露在光照或者高温的条件下时,它可以降解为三聚氰胺。

1.3.2 肥料中的三聚氰胺

化学肥料是土壤中三聚氰胺的又一重要来源。因工业生产中的三聚氰胺废渣含氮量高,曾被认为可以给植物提供氮素营养,激起了人们将之用以氮肥的极大兴趣。从 20 世纪 50 年代初开始,很多国内外学者做过将三聚氰胺用作作物肥料的研究[31, 32]。一系列的研究表明,三聚氰胺具有作为一种作物氮源的潜在价值。但在土壤中三聚氰胺通过矿化水解作用产生活性矿质氮素的过程极其缓慢。Mosel(1987)[33]对草坪草的研究发现:在微生物作用下,三聚氰胺可以经矿化作用转化为容易被植物吸收利用的矿质氮素,但转化数量很少,而且该转化过程也极其缓慢。Bowman(1991)[34]做的三聚氰胺的溶液培养试验发现:随着三聚氰胺浓度的升高,黑麦草叶片中的氮含量随之提高。可以初步得出植物能够吸收三聚氰胺中的氮素的结论。但是,叶片中氮素含量异常的高,并伴随着一定的中毒症状,这表明:三聚氰胺并不能像常规营养形态的氮素一样,被植物吸收利用,说明只用三聚氰胺作为植物肥料是不可行的。成杰民(2008)等[8]对三聚氰胺废渣的研究也说明,使用三聚氰胺废渣作为肥料时,效果非常不理想。这是因为三聚氰胺的有效氮含量低,其废渣中的有效氮含量仅为 0.03%,而且释放过程极其缓慢。

三聚氰胺用于肥料的可行性:

(1) 三聚氰胺含氮量为 66.6%,由于其较高的含氮量,在我国和美、德等国曾被用作反刍动物饲料的非蛋白氮添加剂,反刍动物瘤胃中的微生物能利用非蛋白氮来合成肌体所需的氨基酸和蛋白质。但对于非反刍动物,非蛋白氮不仅不能被有效利用,还会产生毒副作用。2007 年 4 月,我国出口美国的用以加工宠物饲料的麦麸和浓缩大米蛋白中被查出含有三聚氰胺,并造成狗、猫等宠物死亡。

(2) 三聚氰胺及其生产过程中产生的废渣,主要含有以三聚氰胺为主的三嗪类 N 化合物和少量的主反应催化剂。废渣的回收利用具有重要的经济意义和生态环境意义。近年来国外对废渣中三聚氰胺的回收作了大量研究,采用的主要技术是生物水解、热解、活性炭吸附、离子置换,以及对调整 pH 和温度后的提取物,经"四步反应"制成磺化三胺甲醛(sulfonate melamine formaldehyde),产品作为水泥增塑剂使用等。

（3）三聚氰胺含氮量 66.6％，其生产过程中产生的废渣含氮量也高达 40％左右，同时三聚氰胺的生产原料是尿素，废渣中污染物含量可能较低，废渣作为农肥适量施用的环境风险可能较小；此外，生产工艺中加入的催化剂———活性硅胶，部分进入废渣，施入土壤后可能会改善植物的硅素营养，激起了人们将之用为氮肥的极大兴趣。

20 世纪五六十年代，人们就曾做过用三聚氰胺作为肥料使用的观察研究，但观察发现，在土壤中三聚氰胺通过矿化水解作用产生活性矿质氮素的过程极其缓慢[13]。Mosel[33] 在草坪草上做的研究也表明，三聚氰胺可以在微生物作用下，经矿化作用转化为易被植物吸收利用的矿质氮素，但数量甚微，过程也很慢。Bowman 等人[34] 还做过三聚氰胺的溶液培养试验，发现随着溶液中三聚氰胺浓度的提高，多年生黑麦草叶片中的氮含量也随之提高。若单从这一点推理，容易得出植物能够吸收三聚氰胺中的氮素的结论。但另一方面，叶片中氮素含量异常偏高，并伴随一定的毒害症状，这表明三聚氰胺并非像常规营养形态的氮素那样被植物吸收利用，说明单用三聚氰胺为植物提供营养是不适宜的。成杰民等[8] 对三聚氰胺废渣的研究也说明，单施废渣供氮时肥效极低。三聚氰胺的有效氮含量低，其废渣中有效氮含量仅为 0.03％，而且释放极其缓慢[9]。

Wehner 等研究了 45％三聚氰胺与尿素混制而成的肥料在草坪草上的施用效果，结果表明，其效果比未施任何肥料的处理好，但不及单施尿素、草酰胺、硫衣尿素或尿甲醛等任何一种处理。另据 Mosel[33] 的研究，单施三聚氰胺的草坪草长势很弱，植株中氮的回收率仅为 5％，追施尿素后显著提高了草坪的质量和植物对氮素的吸收，但尿素的效应过后草坪草长势依旧。Bowman 等人[34] 用一种以三聚氰胺和尿素为主要原料制成的缓释氮肥在黑麦草上作了试验,发现在相同时间内的生长量仅相当于尿素或硝态氮处理的40%。成杰民等人[8]以三聚氰胺废渣为原料,在对废渣中养分和重金属元素含量分析的基础上,通过黑麦草盆栽试验和大麦、油菜的大田肥效试验,研究了其农用资源化的可行性和相关技术指标。结果表明,单施废渣供氮时肥效极低,三聚氰胺的有效氮含量低,其废渣中有效氮含量仅为0.03%,当废渣与化肥配合使用时,N的表观回收率较高,当废渣氮占总用氮量的1/3时,增产效应和肥料N表观回收率与单施化学氮肥大体相当[8]。Chang[35]在研究配施三聚氰胺的水稻土盆栽试验中发现,虽然最终肥料氮的回收率与纯尿素相近,但子粒产量和谷草比例降低。由此可见,三聚氰胺与普通氮肥配施对植物生长的促进作用和氮素的表观回收率都不如普通化肥,但比单施三聚氰胺都有所提高。根据前人用^{15}N标记氮肥所作的田间试验,施用无机氮肥可加速土壤中有机氮矿化,从而释放更多土壤氮供作物利用,出现所谓的"激发效应"(priming action)[36, 37]。于是推断,配施的无机氮肥也能在一定程度上增进三聚氰胺中有机氮的矿化,使植物吸收的氮素增加,并导致计算出的投入氮的表观利用率提高。

1.3.3 三聚氰胺的迁移转化

国内外有关三聚氰胺在土壤-作物系统中迁移转化机制的研究报道较少。Hauck(1964)[38]最早报道认为,土壤中三聚氰胺经矿化作用转化成易被植物吸收利用的矿质氮素的过程极其缓慢。Balke等(1988)[39]也研究报道燕麦的根系能吸收三嗪类除草剂,而在分子结构上,三嗪正是三聚氰胺分子的骨架。Bowman(1991)[34]做的溶液培养试验,研究了多年生黑麦草对三聚氰胺的吸收作用,结果表明,随着溶液中三聚氰胺浓度的提高,叶片中的氮含量明显提高,并推测如果仅靠三聚氰胺分解矿化供氮,难以达到上述效果,因此认为植物根系能以原状有机分子的形式吸收三聚氰胺[40]。国内韩冬芳(2010)[41]采用土施和叶面喷施三聚氰胺方式,研究了三聚氰胺在土壤中的残留及其对大白菜生长的影响,结果表明,大白菜可通过根和茎叶吸收三聚氰胺,并影响大白菜的产量和品质。已有的研究表明,土壤中三聚氰胺作物吸收机制与土壤吸附和微生物降解密切相关,其中,物理吸附是土壤环境中三聚氰胺的主要吸附行为。Goutailler(2001)[42]研究表明,三聚氰胺在环境中非常稳定,少部分能够通过脱氨基作用降解为三聚氰酸,三聚氰酸不能够通过任何已知的氧化方式降解,只能通过少数假单胞菌和 Klebsiella 微生物作用降解为缩二脲,再进一步分解为尿素、二氧化碳和氨[43](见图 1 - 3)。然而,白由路(2010)[44]采用小麦和玉米为供试材料,对三聚氰胺在作物生长过程中的传导性进行了研究后认为,植物不会吸收土壤中的三聚氰胺,肥料中含有

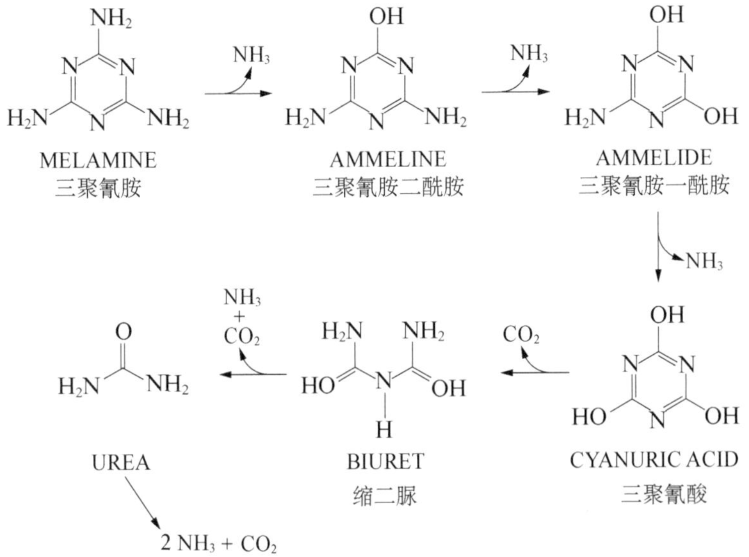

图 1 - 3 三聚氰胺的微生物代谢途径(Shelton,1997)[43]

一定数量的三聚氰胺对作物是安全的。可见,国内外有关作物对进入土壤的三聚氰胺是以原状有机分子的形式还是像常规营养形态的氮素那样被作物吸收利用还存在分歧,需要作进一步深入探索。

三聚氰胺在土壤微生物参与下按三聚氰胺-三聚氰酸一酰胺-三聚氰酸二酰胺-三聚氰酸途径逐步水解,同时放出氨,其过程相当缓慢。Chang 在研究配施缓效 N 肥的水稻土盆栽试验中发现,尿素配施草酰胺时肥效与纯尿素相当,配施三聚氰胺时,虽最终肥料钾元素回收率与纯尿素相当,但子粒产量和谷草比例降低。原因是三聚氰胺中 N 释放缓慢,推迟对水稻氮素供应,影响其在体内转移和再分配。Peacock 认为三嗪类化合物是具有 3 个 N 原子和 3 个 C 原子的 6 环物,结构稳定,在土壤中降解比一般缓释 N 肥都要慢,在百慕大草(Bermudagrass)上三聚氰胺 N 的配用量不能高于全 N 用量的 25%。Petrovis[36] 在一个牧草试验上,比较多种肥料 N 的当年利用率,其顺序是:活性污泥 29%、尿甲醛 22%、三聚氰酸—酰胺 11%、三聚氰胺 5%。本研究结果表明废渣可以作为缓释氮肥农用,其肥效低于尿素,从其经济效益和环境效益出发,以化肥与废渣配合施用为好,用废渣 N 取代少量化肥 N,可提高废渣 N 的肥效,但其用量一般不宜高于总氮量的 1/3。

韩冬芳等[41] 以"早熟 5 号"大白菜(Beassica pekinensis L.)为试材,采用土施和叶面喷施三聚氰胺方式,观察并测定相关指标。结果表明,三聚氰胺在土壤中可发生缓慢降解,90 d 后不同浓度处理(40, 160 和 800 mg/kg)的土壤中三聚氰胺均有残留,分别残留 21.1%,15.8% 和 43.6%。三聚氰胺处理浓度越高,大白菜吸收的量越大。土施试验,根中最高和最低含量分别为 105.7 和 8.0 mg/kg,茎叶中为 139.9 和 7.1 mg/kg,根吸收三聚氰胺后,可将其转运到地上部的茎叶中;叶面喷施试验,根中最高和最低含量

分别为 4.3 和 0.9 mg/kg,茎叶中为 8.5 和 3.2 mg/kg。土施
40 mg/kg 三聚氰胺可增产 9.8%,土施 800 mg/kg 三聚氰胺减产
15.9%,土施可增加叶绿素和可溶性糖含量,降低维生素 C 含量,
叶面喷施三聚氰胺对大白菜的生长影响较小。三聚氰胺在土壤中
的残留时间长,大白菜可通过根和茎叶吸收三聚氰胺,三聚氰胺可
影响大白菜的生长状况。

有论文研究采用室内模拟、盆栽试验相结合的方法,以褐土、
棕壤为供试土壤,研究了三聚氰胺废渣氮素释放特征及影响因素,
以常见的草坪草、黑麦草为试材,研究不同配比的废渣和尿素对黑
麦草生长以及土壤酶活性的影响。主要研究结果如下:

(1)废渣全氮含量为 50.01%,有效氮含量为 0.03%,养分释
放缓慢,可以作为生产缓释氮肥的原料进行资源化再利用;温度的
升高和土壤含水量的增加,促进了废渣中氮素的释放,土壤中的全
氮、有效氮和铵态氮逐渐提高;不同处理水平之间全氮和有效氮差
异显著;碱性条件下,有利于三聚氰胺废渣的水解,使得全氮含量
差异显著,pH 为 5.0 时全氮含量分别比 pH7.8,pH8.5 低 2.49%
和 5.17%,铵态氮变化极其微小;有机肥促进了废渣氮素释放,且
有机肥混施量越大氮素释放越快。

(2)废渣的施用明显地促进了黑麦草的生长,株高和鲜重分
别提高了 5.73% 和 5.64%,与 CK(空白背景)之间差异性显著;与
尿素配施后,效果要好于单独施用废渣的处理水平,废渣与尿素的
比为 1:3 时,与尿素处理水平最为接近;废渣施用后明显地提高
了黑麦草中的氮、硝态氮含量,降低了可溶性糖含量,随着废渣与
尿素配比的降低,这种趋势越来越明显;废渣和尿素的施用不同程
度地提高了黑麦草过氧化氢酶和硝酸还原酶活性,但对植株生长
不会产生危害。

(3)在全量处理中,单独施用废渣的表观回收率极低,仅为

11.79％,配合施用尿素可大幅度提高其回收率,当废渣氮比例降至总用氮量的 1/4 时,其回收率最高,与化肥氮最为相近,为80.70％;A1 至 A4 4 个配施废渣的处理与施入尿素的处理相比的相对回收率表现为随着刈割次数的增加而明显增大的趋势。在施氮量减半的处理中,各指标均表现出与全量施入氮肥处理相同的变化规律,施氮量减半的处理中氮的合计回收量均低于相同配比的全量施入氮肥处理。

(4) 土壤脲酶活性随着废渣与尿素配比的降低而升高,与 CK 相比提高了 9.42％～26.09％,半量处理要略低于全量处理。土壤过氧化氢酶活性有所降低,但对土壤环境不会造成污染。

有报道指出[9],生产 ME 的废渣全氮含量为 50.01％,养分释放非常缓慢,可以作为生产缓释氮肥的原料进行资源化再利用。倘若土壤或肥料中含有 ME,是否会被植物吸收,污染农作物? 有专家认为,真正引起中国各类食品广泛被 ME 污染的原因是因为这种化学品已经通过肥料、饲料进入人类食物链[19]。

Jing Ge 等[45]进行田间试验研究农作物对土壤中三聚氰胺吸收降解过程时发现,以草莓及其植株为例,在土壤中施用三聚氰胺-尿素(1∶50)后,利用 LC‑MS/MS 每隔一定时间对土壤、草莓、草莓植株中的三聚氰胺进行检测,结果发现土壤中的三聚氰胺在最初 14 d 内从 133 mg/kg 下降到 33.9 mg/kg,然后基本保持不变。草莓中三聚氰胺含量在最初 10 d 从未检出到 0.46 mg/kg,然后基本保持不变,草莓对三聚氰胺几乎没有降解作用。而草莓植株中的三聚氰胺含量在最初 10 d 从 1.7 到 5.7 mg/kg,随后逐步下降,到 28 d 观察期末回到初始的 1.7 mg/kg。

第二章
国内外三聚氰胺检测方法研究现状

2.1 化肥中三聚氰胺的检测方法概述

化肥常规的检测项目及前处理 目前化肥的检测项目,包括有效成分(氮、磷、钾)、氯离子、水分、有机质等,都有相应的国际国内标准,标准中规定了标准化的取制样及检测方法。

在化肥中添加三聚氰胺以增强其肥效目前还仅停留在研究层面,研究的重点针对单独施用三聚氰胺作为氮肥或将三聚氰胺与化肥 N 肥共同施用的肥效,以及施用的三聚氰胺在植物体内的代谢过程。考虑到农作物对三聚氰胺的直接吸收作用以及累积效应,化肥中添加的三聚氰胺极易进入食物链危害食品安全和人类健康。在化肥中添加三聚氰胺的有效性和安全性尚待进一步研究确认,因此,目前,对于肥料三聚氰胺检测方法的相关研究和文献较少。假定没有任何人为添加三聚氰胺以增加 N 肥中含氮量的因素存在,那最可能含有三聚氰胺的肥料主要是利用动物、植物残体或代谢物为主要原料的有机肥、堆肥等。

有研究人员[46]将含有三聚氰胺的汽车工业的废弃颜料残渣与废纸及植物残体分别进行堆肥制作,经过 84 d 的堆置,废纸残渣堆肥中85％的三聚氰胺被降解,植物残体废渣堆肥中54％的三聚氰胺被降解。由于三聚氰胺废渣在堆置过程中易结块(creat clumps),使其降解过程较慢。施用这两种堆肥对大白菜、萝卜、莴苣的生长都有一定促进作用。

Tian Y等人[47]比较了高效液相色谱(HPLC)法、酶联免疫吸收测试盒(ELISA)法、酶联快速比色(RCA)法3种方法用于堆肥中三聚氰胺检测的优劣。当被测水溶液中没有三聚氰胺代谢物如三聚氰酸等干扰存在时,三种方法都能精准地检测三聚氰胺的浓度。而当有三聚氰胺代谢物的干扰存在时,HPLC法和RCA法检测效果均优于酶联免疫测试盒法,但是当经过固相萃取等提纯后,即使存在三聚氰胺代谢物,酶联免疫测试盒法也能进行准确的检测。HPLC法在检测土壤中三聚氰胺时效果优于RCA法,但当检测堆肥中的三聚氰胺时效果相差不大。ELISA法和RCA法在检测速度上均比HPLC法快很多,单位时间内可以检测更多的样品。因此,RCA法可作为土壤、堆肥中三聚氰胺检测的快速筛选方法,所得结果由HPLC法进一步确认。HPLC法可用于三聚氰胺及其代谢物的同时检测。

由于检测肥料中三聚氰胺的研究较少,此处列举几篇研究肥料中其他有机物如四环素类、生物胺类的含量的检测报道,其对肥料的前处理、检测目标物的净化和富集都可作为肥料中三聚氰胺检测的参考。

李红等[48]在堆肥中抗生素含量检测的过程中,建立了土霉素、金霉素的液相荧光检测方法。

样品前处理:在一定量堆肥样品中加入30 mL含有乙二胺四乙酸的柠檬酸缓冲溶液,搅拌1 min后3 000 r/min离心分离10 min,水层移入100 mL分液漏斗中。离心分离管的残留物中加入20 mL含有乙二胺四乙酸的柠檬酸缓冲溶液,用振荡器激烈振荡 1 min 后按上述条件离心分离,合并水层于上述分液漏斗中。加入 20 mL 正己烷,用振荡器激烈振荡 5 min 后 3 000 r/min 离心分离 10 min,分取水层。在苯乙烯-二乙烯苯共聚物小柱(265 mg)中顺次注入 10 mL 甲醇、10 mL 水和 5 mL 饱和 EDTA 溶液,弃去流出液。柱中注入提取溶液后再注入 10 mL 水,弃去流出液。注入 10 mL 甲醇,收集流出液于磨口减压浓缩器中,40 ℃ 以下除去甲醇。残留物中加入 1.00 mL 1.36% 的磷酸二氢钾溶液溶解,即得试验溶液。实验比较了 C_{18} 小柱、HLB - OAS IS 小柱和苯乙烯-二乙烯苯共聚物小柱 3 种柱子的富集和净化效果。3 个浓度的添加回收率试验结果表明,C_{18} 小柱的回收率为 55.3%～80.2%,HLB - OASIS 小柱的回收率为 59.3%～82.1%,而苯乙烯-二乙烯苯共聚物小柱的添加回收率为 85.2%～100.2%。说明苯乙烯-二乙烯苯共聚物小柱的净化效果较好,且较经济,因此该试验最终选择苯乙烯-二乙烯苯共聚物小柱作为净化手段。

何文远等[49]对畜禽粪便制作有机液肥过程中生物胺进行了定性和定量分析,建立了一种柱前衍生化反相高效液相色谱法分离测定 3 种生物胺(腐胺、精胺、亚精胺)的方法。其对液体肥料生产工艺中生物发酵 0, 5, 10, 15, 20, 25, 30 d 后,分别取液体样品,经过 0.45 μm 膜过滤,直接进行高效液相色谱测定。

唐春玲等[50]进行了固相萃取-高效液相色谱法测定有机肥中四环素类抗生素药物残留的研究。肥料样品经冷冻干燥后,称取 1.0 g 置于 50 mL 聚丙烯离心管中,分别用 20, 20, 10 mL 提取液超声 20 min,提取 3 次,3 500 r/min 离心 5 min,合并上清液,水定容至 50 mL,过滤,取 5 mL 滤液加水稀释至约 150 mL 以降低 CH_3OH 含量至 2% 以下,磷酸调 pH 为 2.9,待净化。

以串联 SAX - HLB 柱对 5 mL 稀释后的滤液进行净化,分别以 2 mL 甲醇,2 mL 水活化小柱,滤液以 5 mL/min 的速度过柱,待其完全流出后,去除 SAX 柱,HLB 柱依次用 5 mL 水,5 mL 甲醇-水(5∶95)淋洗,弃去全部流出液。减压抽干 5 min,最后用 5 mL 0.01 mol/L 草酸-甲醇溶液洗脱。将洗脱液在 40 ℃下旋转蒸发至干,用 1 mL 流动相溶液溶解残渣,过 0.45 μm 滤膜,待测。肥料提取液颜色较深(呈棕色),表明天然有机质(主要为腐殖酸)含量很高,对 HPLC 检测有很大的影响。SAX 柱能有效除去天然有机质,而不吸附抗生素。HLB 柱填料的主要成分是二乙烯基苯-N-乙烯基吡咯烷酮共聚物,非常适合于含水样品中极性与非极性有机化合物的同时提取,与传统的 C18 反相萃取柱相比,除杂质效果更好,操作性能更为稳定。

李雅男[51]研究了高效液相色谱法测定有机-无机复混肥料中除草剂苄嘧磺隆的含量。将有机-无机复混肥料试样(含苄嘧磺隆)置于研钵粉碎,过孔径 250 μm 分样筛,称取经研磨过筛后的试样 5~10 g(精确至 0.000 2 g),置于 100 mL 具塞三角瓶中,加入 50 mL 甲醇,浸泡 2 h 后于超声波振荡器上振荡 30 min,取出静置至室温,用甲醇定容至刻度,混匀放置片刻后经 0.45 μm 滤膜过滤,备用。色谱柱:C_{18}(250 mm × 4.6 mm,内径 5 μm,不锈钢柱;甲醇＋水(磷酸调 pH 值为 3.0)＝60＋40(体积),流量:0.9 mL/min;柱温:室温;检测波长:254 nm;进样量 5 μL。该方法能够很好地提取有机无机复混肥中的苄嘧磺隆,加标回收率达97%以上。

2.2 三聚氰胺检测的前处理技术

前处理是三聚氰胺分析的关键步骤,直接关系着整个分析过程的准确性与精密度。三聚氰胺检测分析前处理是指将三聚氰胺从样品中最大限度地提取出来,并消除分析检测过程中的干扰物。

三聚氰胺检测中的样品前处理主要包括样品制备、提取、净化、浓缩等步骤。提取的目的是将样品中的三聚氰胺从杂质(干扰物质)中分离出来。GB/T 22388—2008 中介绍了乳制品中三聚氰胺的检测方法——高效液相色谱法,该方法在样品的前处理中使用质量分数 1% 的三氯乙酸-乙腈提取样品,滤液作为净化液,经固相萃取柱净化,用高效液相色谱法检测,其前处理、净化、分离过程繁琐、冗长,且提取不完全,容易造成样品中测定成分损失、净化不彻底,以及采用试剂乙腈毒性大等问题,从而影响测定的安全性和准确度[52]。三聚氰胺分析最常用的提取技术有机械振荡、搅拌及匀浆、超声波提取和液液萃取等。近几年超临界流体萃取(supercritical fluid extraction,SFE),加速溶剂萃取(accelerated solvent extraction,ASE),固相微萃取(solid phase microextraction,SPME)等新技术也在三聚氰胺分析领域中也得到了应用,使得样品前处理向着更为简便、快捷的方向发展。

2.2.1　超临界流体萃取

　　超临界流体是指处于临界温度和临界压力的非凝缩性的高密度流体。这种流体介于气体和液体之间,兼具两者的优点。超临界流体萃取(SFE)是指利用处于超临界状态的流体为溶剂对样品中待测组分的萃取方法。

　　超临界流体萃取的原理是利用超临界流体密度高、黏度小、渗透力强等特点,快速、高效地将被测物从样品基质中分离。具体操作时,一般先通过升压、升温使其达到超临界状态,在该状态下萃取样品,再通过减压、降温或吸附来收集待测组分。超临界流体萃取的分析对象是对热不稳定、难挥发性的烃类,非极性脂溶化合物等。萃取相为 CO_2、水、乙烯、丙酮、乙烷等。常用的为 CO_2,它具有无毒、无臭、化学惰性、不污染样品、易于提纯和超临界条件温和等特点[53]。

超临界流体萃取的流程由萃取与分离两过程组成。超临界流体萃取的优点在于可进行选择性萃取,萃取物不会改变其原来的性质,萃取过程简单易于调节。但是,缺点在于萃取装置较昂贵,不适于分析水样和极性较强的物质。影响超临界流体萃取效率的因素[54]有:

(1) 萃取剂的选择。

(2) 萃取条件。包括压力、温度、萃取剂流量及萃取时间等。

(3) 物料性质的影响。如物料的粒度、样品水分及萃取剂极性等。

(4) 分离条件。如分离时的压力与温度等。

2.2.2　加速溶剂萃取

1995 年,Richter 等[55]提出了一种全新的萃取方法,即加速溶剂萃取(ASE)法。它通过提高温度、增加压力等方式,进行有机溶剂的自动萃取。美国国家环保局(EPA)批准其为标准方法[56],代号 EPA3545,取代了索氏提取法。

加速溶剂萃取法的原理是提高温度和压力,提高温度,一方面能极大地减弱分子间范德华力、氢键、溶质与基质之间的作用力,使溶质快速解析进入溶剂;另一方面,降低溶剂和样品基质之间的表面张力,使溶剂更好地进入基质。文献报道表明:当温度从25 ℃升至 150 ℃时,溶剂的扩散系数可提高 2～10 倍。

Pitzer(1961)等[57]的研究表明,当温度从 50 ℃升至 150 ℃时,蒽在氯甲烷中的溶解度提高约 15 倍,烃类(如正十二烷)的溶解度提高了数百倍。压力的增加能够使溶剂的沸点也相应地增加,从而使溶剂在萃取的过程中始终保持液态,而液体对溶质的溶解能力远远大于气体。

加速溶剂萃取法具有的优点有:萃取快速、有机溶剂用量少、样品回收率高等。

(1) 加速溶剂萃取过程仅需 12～20 min,大大缩短了样品前处理的时间,提高了检测残留的效率。索氏萃取一般需要 4～48 h,自动索氏萃取一般需要 1～4 h,超临界流体萃取、微波萃取也需要 0.5～1 h。

(2) 索氏萃取一般有机溶剂用量为 200～500 mL,自动索氏萃取用量通常为 50～100 mL,超临界流体萃取用量通常为 150～200 mL,微波萃取用量通常为 25～50 mL。而加速溶剂萃取时,溶剂的用量仅为 15 mL,溶剂的消耗量降低了 90% 以上,不仅减少了残留检测的成本,而且减少溶剂量,加快了提纯和浓缩的速度,从而缩短了分析时间。

(3) Kim(2010)[58]用加速溶剂萃取法建立了宠物食品中三聚氰胺含量的高效液相色谱分析技术,结果发现:三聚氰胺添加浓度为 2.5～100 mg/kg 时,回收率为 90%～116%,显著高于其他方法。

2.2.3　固相微萃取

20 世纪 80 年代末,加拿大 Waterloo 大学的 Pawliszyn 和 Arhturhe 教授提出一种固相微萃取(SPME)的样品制备和前处理方法。该方法简便、快捷、无溶剂。

该方法的原理是利用待测物在基体和萃取相间的非均相平衡,使待测组分扩散吸附到石英纤维表面的固定相涂层,待吸附平衡后,再与 GC－MS 或 HPLC 联用,以分离和测定待测组分。SPME 的萃取模式可分为 3 种:

(1) 直接法:将石英纤维暴露在样品中,用于萃取半挥发性的气体、液体样品。

（2）顶空法：将石英纤维放置在样品顶空中，用于萃取挥发性固体或废水水样[59]。

（3）膜方法：将石英纤维放在经过微波萃取及膜处理过的样品中，用于萃取难挥发性复杂样品。

该方法的萃取相为具有选择吸附性的涂层，常用的固定相及其萃取对象[60~62]见表2-1。

表2-1　常用的固定相及其萃取对象

固定相	极性	萃取对象
聚二甲基硅氧烷(PDMS)	非极性	有机氯、有机磷、有机氮农药；药品和麻醉品；挥发物；卤化物
聚丙烯酸酯(PA)	极性	有机氮农药；脂肪酸；酚类
聚二乙醇(CWAX)、二乙烯基苯(DVB)	极性	乙醇

SPME最突出的优点在于操作快速，价格低廉而且实用，可以直接对气体、液体有机物进行微萃取。缺点在于萃取涂层易磨损，且使用寿命有限。黄义彬等[62]采用固相微萃取-高效液相法测定鸡蛋中三聚氰胺的残留量，取得了较好的结果。魏晋梅（2010）等[63]采用固相微萃取-高效液相法检测饼干中的三聚氰胺，实验结果令人满意。王登飞（2006）等[64]采用固相萃取-高效液相法测定水产品中三聚氰胺的残留量，方法满足水产品中三聚氰胺残留量常规检测的需要。

2.3　三聚氰胺的检测方法

2.3.1　重量法

重量法，又称浊度法，是传统测定三聚氰胺的方法。其突出优点是准确度高，包括苦味酸法和升华法两种。其中，苦味酸法是将试样中加入水中加热溶解后,加入苦味酸溶液,利用三聚氰胺的弱碱性,与苦味酸生成沉淀,通过称量生成沉淀的质量,而测得三聚氰胺的含量[65]。升华法则是利用升华装置将试样在负压下高温加热,待三聚氰胺完全升华后,称量残渣质量,即三聚氰胺纯度。

重量法是工业上较常用的测定三聚氰胺纯度方法,国标 GB/T 9567—1997 即采用这方法测定三聚氰胺的纯度[66]。该方法的缺点在于操作繁琐,所需时间长,且测定低含量三聚氰胺时误差较大。

2.3.2 电位滴定法

电位滴定法是主要针对化工产品中三聚氰胺测定的一种常量分析方法。该方法操作简便,结果准确。其操作步骤一般为:首先称取一定量样品于烧杯中,加水溶解后用硫酸标准溶液滴定热溶液至 pH 值为 5 左右,随后溶液经流水冷却至室温后,每次准确加入 0.1 mL 硫酸标液,并记下相应的 pH 值(精确至 0.01 pH 单位),直至 pH 值约为 3。之后由记录的数值计算一阶微商和二阶微商,找出二阶微商为零时的滴定等当量点,从而计算出等当量点时消耗硫酸标液的体积。

最终三聚氰胺的含量由该公式计算得出:

$$Me = S \times 6.307 \times V \times F/m,$$

式中:Me 为溶液中三聚氰胺的含量;S 为溶液中总固体的含量;V 为等当量点时消耗硫酸标液的体积;F 为硫酸标液的校正系数;m 为滴定时所称取总固体的质量;6.307 为换算系数。

袁立勇等[67]采用电位滴定法测定样品中三聚氰胺的含量。他对同一试样进行了多次重复测定,RSD 为 0.34%。陈一虎[68]用同样的方法,也对同一试样进行多次平行测定,检测结果的变异系数为 0.98%。在试样中加入标准样品 0.250 0 g 进行回收率试验,得到的回收率为 89.28%～93.80%。同时,将电位滴定法测定三聚氰胺含量的结果与升华法、苦味酸重量法结果进行对照,结果基本相吻合。此方法主要针对化工产品中常量三聚氰胺的测定,但是,在推广至饲料及添加剂等领域时,由于饲料及添加剂等基质成分复杂,使用该方法检测干扰因素明显偏多,难以得到准确结果。

2.3.3 光谱法

(1)拉曼光谱法 拉曼光谱法是以拉曼效应为基础的分子结构表征技术,其信号来源于分子振动和转动[69],是分子极化率变化诱导产生的,其谱线强度取决于相应的简正振动过程中极化率变化的大小,用来鉴定分子中存在的官能团。Lin M(2008)等[70]利用拉曼光谱分别检测了面筋、鸡饲料和蛋糕、面条等加工食品中的三聚氰胺,并将其所测结果与 FDA 的官方方法进行比较,结果显示表面增强拉曼光谱法更简单、快捷,所需样品量更少。陈安宇(2009)等[71]采用增强拉曼检测技术对牛奶中三聚氰胺的含量进行检测,结果显示,在 785 nm 激光的激发下 710 nm 处有清晰、强烈的拉曼信号,其来自三聚氰胺分子的对称骨架伸缩振动相对稳定存在,可作为三聚氰胺的鉴定峰。拉曼光谱法所结合的表面增强物质其检测限可达到 0.5 mg/kg。该方法的优点是:快速、准确、灵敏度高,样品前处理简单,检测时间短,检测成本低,设备操作相对简捷,适用于现场快速检测。

(2)近红外线吸收检测法 其原理是用一种特定波长的近红外线照射被检样品,根据样品中三聚氰胺对红外线吸收的强弱对其含量实时监测,三聚氰胺含量越高,所反射出的光线强度就越弱。三聚氰胺分子结构中 3 个 C 原子分别与 1 个 NH 和 2 个 N 原子连接,C—N 键的谱峰很难识别,但 N—H 的波动正好处于近红外区域,故可采用近红外线吸收检测法对三聚氰胺进行检测[72]。刘景旺(2010)等[73,74]通过观测三聚氰胺在近红外波段的特征谱线,对乳制品中的三聚氰胺进行了定性检测。其定量分析是建立在可靠的校正模型基础上,可对样品进行直接无损检测。该方法的优点在于效率高、成本低并且可对组分进行同时测定[75]。同时,由于近红外线吸收检测技术预先扣除了蛋白质中NH含量的影响,具有较高的选择性,是一种无接触、无损伤、无危害的检测方法。近红外光谱的信息是由分子内部震动的倍频和合频得出的,因此决定了近红外光谱自身固有的弱点和技术难点:由于样品的测定不经过预处理,导致其光谱容易受样品状态和检测条件等的影响;近红外光谱吸收强度较弱,决定了其检测灵敏度也较低;建模工作难度大,不易于普遍推广[76]。

2.3.4　酶联免疫吸附法

酶联免疫吸附(ELISA)法是基于抗原抗体的特异性反应的一种分析方法。免疫学检测方法的原理为首先将用作抗体生产的免疫原的三聚氰胺和检测的包被原的载体蛋白进行偶联。三聚氰胺结合在固相载体表面仍保持其抗体抗原结合活性,同时酶标记抗体也保留酶的活性。在酶的催化作用下,底物生成有色产物,且产物的量与标本中受检物质的量直接相关,因此可根据呈色的深浅进行定性或定量分析。由于酶的催化效率很高,间接地放大了免疫反应的结果,提高了方法的灵敏度。这是一种快速测定法,主要用于饲料、牛奶和奶粉中三聚氰胺的检测。目前最高检出限约为1 500 ng/kg,最低检出限约为 60 ng/kg[77]。当检测量较大时,可以用酶联免疫吸附法先进行筛选,这样可以节省时间和工作量,也有利于降低检测成本。但是,由于所得到检测结果的值通常会偏低,所以该法不适用于定量分析[78]。

2.4　三聚氰胺的色谱检测法

2.4.1　高效液相色谱法

高效液相色谱(HPLC)法是目前应用比较广泛的测定方法之一。该方法分离效率高、选择性好、测定范围广、自动化程度高[79]。相比气-质联用法较简便、快速,适用于食品中含量较高的三聚氰胺的定量分析[80]。HPLC法不需进行衍生化处理,只需根据样品基质的不同,采取简单的前处理,直接进样即可,适合于食品、饲料等复杂基质中三聚氰胺的定量分析,若同时利用二极管阵列检测器可作初步定性,成本低于质谱法,易于推广,是国内较常用的方法。《原料乳与乳制品中三聚氰胺检测方法》(GB/T 22388—2008)规定:测定原料乳和乳制品中的三聚氰胺采用 HPLC 法[81]。张文刚(2009)等[82~87]曾采用 HPLC 法对不同食物中的三聚氰胺进行了检测:以三氯乙酸或乙腈为提取液,经混合型阳离子交换固相萃取柱富集净化后采用 C_{18} 或 C_8 柱,以乙腈和柠檬酸-庚烷磺酸钠缓冲液为流动相,采用二极管阵列检测器或紫外检测器检测,在添加量为 2.00~10.00 mg/kg 的浓度范围内回收率在 80% ～110%,定量限为 2.00 mg/kg。高效液相色谱法在饲料、乳及乳制品、蛋、肉、土壤、植物蛋白制品、小麦粉及其制品等多种基质中均有较好的检测效果。西班牙的学者(2008)[88]使用高效液相色谱法对大米和饲料中的三聚氰胺和其衍生物进行检测,在该方法中分别对色谱柱、流动相及其 pH、磷酸盐的浓度等色谱条件进行了优化选择,样品提取效率为 99% ～100%,室内重复标准差小于5%。杨云霞(2008)等[89]采用 Kromasil 10025 C_8 柱,用乙腈-水提取小麦谷元粉中的三聚氰胺的样品加标回收率达到 90%以上;方法检出限(S/N = 3)为65 μg/L。Shin Ono(1998)等[90]用高效阳离子交换色谱法达到同时测定三聚氰胺及其四种衍生物的目的。2008 年,魏瑞成等[91]用三氯乙酸-乙腈提取鸡蛋样品中的三聚氰胺,提取液经阳离子交换固相萃取柱净化、富集后,HPLC 仪器条件为—NH$_2$ 色谱分析柱,流动相为 90%乙腈水溶液,紫外检测器波长为 230 nm,样品添加回收率在 $78.96\%\sim92.19\%$ 之间,样品检测下限为 0.2 mg/kg,相对标准偏差(RSD)为 $1.96\%\sim6.60\%$。国内也有学者[92]研究建立了同时检测鸡蛋、猪肉和牛奶中环丙氨嗪和三聚氰胺残留量的 HPLC 法,方法使用—NH$_2$ 柱为色谱柱,97%乙腈水溶液为流动相,样品用 NaOH 和 20%氨水乙腈溶液提取 2 次,上清液过 C$_{18}$固相萃取小柱净化等处理后上机检测,环丙氨嗪和三聚氰胺得到了很好的分离,各自的保留时间分别是 8 min 和 12 min。方法检出限(S/N = 3)为 0.02 mg/kg,定量限低于 0.05 mg/kg。Robert(2000)等[93]采用 LC‐UV 方法对土壤中的灭蝇胺和三聚氰胺两种物质的残留进行检测。Ehling S(2007)等[94]用高效液相色谱法同时测定小麦粉中掺加物三聚氰胺及其水解物三聚氰酸一酰胺、三聚氰酸二酰胺、三聚氰酸。宫小明(2008)等[95]采用蛋白质沉淀法预处理样品后,通过高效液相色谱分析对出口植物源性蛋白及其辅料进行检测。

2.4.2　液相色谱‐质谱联用分析法

液相色谱‐质谱(LC‐MS/MS)联用分析法的应用原理是,首先通过液相色谱技术对样品进行有效分离,提供与定性分析有关的保留时间等信息,然后用质谱仪(MS)对不同的 LC 洗脱成分进行分析,确定其相对分子质量和化学结构信息。其优点在于:

(1) 方法简便、快速、准确;

(2) 具有较高的灵敏度,可对组分进行定性和定量的分析;

(3) 重复性好,信息量大,应用范围广。

LC - MS/MS 法在 HPLC 法的基础上弥补了色谱分离上的不足,使得对样品的处理要求大大降低。样品预处理过程中,如果采用阳离子交换柱净化,效果会更好。目前,由于 SPE - LC - MS 法检测过程简便,无需添加离子对试剂,以及较高的灵敏度,该方法已经广泛应用于生物检材中三聚氰胺的检测。

采用质谱作为检测器一定程度上提高了灵敏度,降低了检出限,同时免除了配制离子对流动相的复杂过程,节约了检测成本,还可延长色谱柱的寿命。采用 LC - MS/MS 法的检测过程中以三聚氰胺子离子定性和定量,三聚氰胺可得到精确的保留与分离,最大限度地减少了系统误差[96~98]。

2.4.3　气相色谱-质谱联用法

气相色谱-质谱(GC - MS)联用法的原理是将试样经超声提取、固相萃取净化后进行硅烷化衍生化,然后采用多反应监测质谱扫描模式或选择离子监测质谱扫描模式,根据化合物的质谱碎片的丰度比和保留时间对衍生产物进行定性,外标法定量。2008年,蒋晨阳等[99]采用三氯乙酸溶液提取样品,混合型阳离子交换固相萃取柱净化,N,O-双三甲基硅基三氟乙酰和1％三甲基氯硅烷衍生化,使用 GC - MS 联用仪定性及定量,最低检出限降为 0.05 mg/kg。2009 年,李东刚[100]采用三聚氰胺的二级质谱联用定性的方法,使用离子阱气相色谱-质谱联用仪建立了非衍生化 GC - MS 直接分析饲料中三聚氰胺的方法。以二级质谱的特征离子峰 M/Z 85 定量,方法的精密度为 5.9％,回收率在 87.0％～98.0％。克服了衍生化 GC - MS 易引入系统误差、过程不易控制、操作繁琐费时等缺陷。也有研究者根据苯代三聚氰胺内标定量法,以甲醇-水-三乙胺为提取液,进行硅烷化衍生后,使用 GC - MS 测定了动物食品中的三聚氰胺[101]。相比 HPLC,GC - MS 联用法具有准确度高、检出限低的特点,适用于三聚氰胺的微量检测。

第三章
肥料及土壤中三聚氰胺 HPLC 和 LC‑MS/MS 检测方法研究

HPLC 和 LC‑MS/MS 作为快速、准确的分析检验手段,在奶制品三聚氰胺检测等行业和领域得到应用。然而,在 HPLC 法中,由于普通 C_{18} 反相柱洗脱过快,无法分离三聚氰胺;同时三聚氰胺上 3 个极性极强的有机氮基团决定了正相色谱柱也不可能分离三聚氰胺。目前,相关文献报道的 HPLC 方法基本都需要添加庚烷磺酸钠等离子对试剂以增加三聚氰胺的保持[102~104],虽然这种方法能够分离定量,但限制了液质联用的应用。本章优选了 WCX 色谱柱用于测定三聚氰胺,检测过程不需加入离子对试剂,可与 LC‑MS/MS 联机使用,且操作简便、灵敏度高。目前 HPLC 检测三聚氰胺还存在一些问题,诸如:流动相中有大量的缓冲盐,这给仪器的维护带来了极大麻烦;同时缓冲盐的流动相体系,限制着在液质联用方面的使用[105]。本章通过对色谱柱、流动相和流速等检测参数的优化,研究建立了三聚氰胺 HPLC 和 LC‑MS/MS 检测方法,为进一步研究其在土壤-作物系统中的降解与吸收效应奠定基础。

3.1 材料与方法

3.1.1 仪器

PE200 高效液相色谱仪,Perkin Elmer 公司;TSQ Quantum Access MAX 三重四极杆液质联用仪,赛默飞世尔科技(中国)有限公司;EDAA－2500TH 超声仪,上海安谱科学仪器有限公司;AllegraX－22R 离心机,贝克曼库尔特商贸(中国)有限公司;EFAA－DC12H 氮吹仪,上海安谱科学仪器有限公司。

3.1.2 试剂

三聚氰胺标准品:纯度≥99％, $^{15}N_3$ -三聚氰胺:纯度≥99.1％,丰度≥99.4(atom)％ ^{15}N ,由上海化工研究院提供;乙腈、甲醇均为色谱纯,氨水、三氯乙酸、乙酸铵、庚烷磺酸钠、柠檬酸,由上海国药集团提供。

3.1.3 方法

3.1.3.1 三聚氰胺标准溶液的配制:准确称取 100 mg 三聚氰胺标准品,用 20％的甲醇溶液溶解定容至 100 mL 的容量瓶中,4 ℃冷藏备用。

3.1.3.2 HPLC 色谱检测条件

(1)色谱条件。色谱柱:SPHERI－5 RP－18(5 μm, 250 mm×4.6 mm);柱温 30 ℃;UV 检测器;进样量 10 μL;流动相为乙腈(A)、庚烷磺酸钠和柠檬酸缓冲盐(B)。

(2)波长的选择。固定流动相配比为 A∶B＝15∶85(V/V),流速为 1.0 mL/min,改变波长为 235～246 nm,检测三聚氰胺的标准溶液,比较不同波长下三聚氰胺的色谱图。

（3）流动相配比的选择。固定波长为 240 nm，流速为 1.0 mL/min，改变流动相配比分别为 A∶B ＝ 10∶90(V/V) 和 A∶B ＝ 15∶85(V/V)，检测三聚氰胺的标准溶液，比较不同流动相配比下三聚氰胺的色谱图。

（4）流速的选择。在波长为 240 nm，流动相配比为 A∶B ＝ 15∶85(V/V) 的条件下，改变流速为 0.8～1.2 mL/min，检测三聚氰胺的标准溶液，比较不同流速下三聚氰胺的色谱图。

3.1.3.3　LC - MS/MS 检测条件建立

（1）柱子的选择。分别比较 Hillic 柱子(150 mm×2.1 mm，5 μm)、WAX 柱(3.0 mm×50 mm，3 μm)以及 WCX 柱(3.0 mm×50 mm，3 μm)对三聚氰胺的保留情况，用三种柱子分别检测三聚氰胺的标准溶液，比较不同柱子条件下三聚氰胺的色谱图。

（2）流动相配比的选择。选择乙腈（A）和 10 mmol 的乙酸铵（B）为流动相。分别改变流动相配比为 A∶B ＝ 80∶20(V/V) 和 A∶B ＝ 90∶10(V/V)，比较两种条件下三聚氰胺标准溶液的色谱图。

（3）流动相 pH 值的选择。在柱子和流动相配比相同的条件下，改变流动相 pH 值分别为 3.00，4.00 和 5.00，检测三聚氰胺的标准溶液，比较不同 pH 值条件下三聚氰胺的色谱图。

3.2　结果与分析

3.2.1　三聚氰胺 HPLC 分析方法

3.2.1.1　波长的选择

图 3 - 1 中谱线 1～12 分别为在流动相配比为 A∶B ＝ 15∶85(V/V)，流速为 1.0 mL/min 时波长为 235～246 nm 的色谱图。结果表明，随着波长的增大，峰面积减小，保留时间相当。从峰形

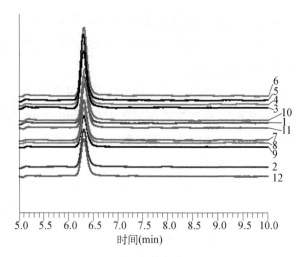

图 3-1　三聚氰胺在不同波长下的色谱

来看,色谱图谱线 3～6 即波长为 237～240 nm 时,峰形较好。用可调波长紫外检测器在 200～400 nm 波长范围内扫描测定表明,三聚氰胺在波长为 240 nm 时响应值最大。因此,确定三聚氰胺的最佳紫外波长为 240 nm。

3.2.1.2　流动相配比的选择

图 3-2 所示为不同流动相配比条件下三聚氰胺的标准色谱图。由图 3-2 可见,在波长为 240 nm,流速为 1.0 mL/min 条件下,以乙腈(A)/庚烷磺酸钠-柠檬酸缓冲液(B)为流动相,乙腈比例为 10% 时,三聚氰胺的保留时间为 11.29 min。而当乙腈比例 15% 时,保留时间为 6.07 min,与 10% 乙腈相比,保留时间明显提前,且峰形尖锐对称,灵敏度提高,因此,本文选用乙腈/庚烷磺酸钠-柠檬酸缓冲液(15/85,V/V)为流动相的配比组合。

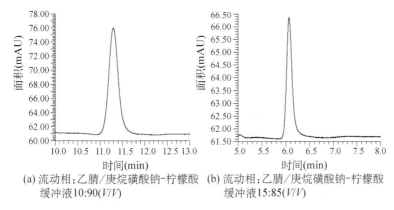

(a) 流动相:乙腈/庚烷磺酸钠-柠檬酸　　(b) 流动相:乙腈/庚烷磺酸钠-柠檬酸
　　缓冲液10:90(*V/V*)　　　　　　　　　缓冲液15:85(*V/V*)

图 3‐2　不同流动相配比条件下三聚氰胺的标准色谱

3.2.1.3　流速的选择

流速是影响 HPLC 检测效果的重要因素之一。本文在波长为 240 nm,流动相配比为 A∶B = 15∶85(*V/V*) 的条件下,通过改变流速为 0.8～1.2 mL/min,对三聚氰胺标准溶液进行检测。结果显示,随着流速的增大,三聚氰胺保留时间提前,峰面积减小,灵敏度增加。从峰形来看,流速为 1.0 mL/min 时,峰形较尖,对称性较好,因此,选择流速 1.0 mL/min 为最佳流速(见图 3‐3)。

3.2.1.4　线性关系

图 3‐4 所示为三聚氰胺标准曲线,由此图可见,在流动相配比为 A∶B = 15∶85(*V/V*),流速为 1.0 mL/min 时波长为 240 nm 上述检测条件下进行色谱分析,以峰面积定量,对浓度为 0.5,1.0,5.0,10.0,30 mg/L 的三聚氰胺标准溶液进行检测并线性回归,结果表明,三聚氰胺在 0.5～30 mg/L 浓度范围内线性关系良好,线性回归方程为 $y = 48\,822x + 3\,396.7$,$R^2 = 0.999\,9$。

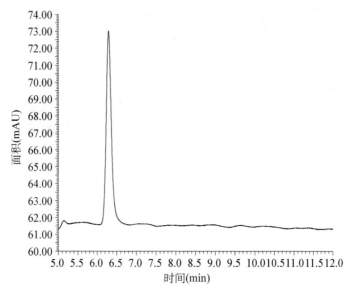

图 3-3　三聚氰胺在 1 mL/min 流速下的色谱

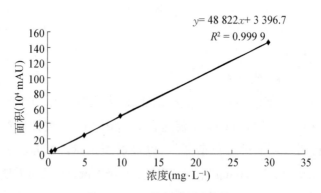

图 3-4　三聚氰胺标准曲线

3.2.1.5　方法的检测限

按照最佳仪器条件,将标准稀释多次进样,以 3 倍信噪比确定 HPLC 检测下限为 0.15 μg/mL。

3.2.2　三聚氰胺 LC‑MS/MS 分析方法

3.2.2.1　柱子选择

选用多种不同的色谱柱作为比较,其中 Hillic 柱子(150 mm× 2.1 mm, 5 μm)峰形较差,拖尾严重,且保留时间不稳定,同一种样品重复进样,保留时间变化幅度达到 0.2 min,较多样品连续进样时会出现保留时间逐渐向后漂移,且面积相差较大。WAX 柱 (50 mm×3.0 mm, 3 μm)峰形较好,但是出峰时间太快,同等条件下,样品保留时间为 1.2 min。WCX 柱(50 mm×3.0 mm, 3 μm) 峰形尖锐,对称性较好,保留时间为 4.08 min,较为合适,且多次进样时样品保留时间较稳定,如表 3‑1 所示。

表 3‑1　不同柱子条件下三聚氰胺峰型的比较

柱子	保留时间(min)	峰　型
Hillic 柱	1.20	峰形较差,拖尾严重,保留时间不稳定
WAX 柱	3.92	峰形较好,但是出峰时间太快
WCX 柱	4.08	峰形尖锐,对称性较好,保留时间较稳定

3.2.2.2　流动相选择

选择乙腈(A)和 10 mmol/L 的乙酸铵(B)为流动相。当改变流动相配比为 A:B = 80:20(V/V) 时,峰形较宽,保留时间 1.5 min,峰尖较钝,对称性差。当改变流动相配比为 A:B = 90: 10(V/V) 时,峰形变窄,峰尖变锐,通过微调流动相比例以及淋洗梯度,最终确定梯度程序为表 3‑2 时峰形较好,保留时间较稳定,重复性较好。

表 3-2　梯度淋洗程序

流动相	时间(min)					
	0	2	4	7	7.1	10
乙腈(A)	95	95	85	85	95	95
乙酸铵(B)	5	5	15	15	5	5

3.2.2.3　改变流动相 pH 值

流动相 pH 值的变化不仅影响样品的保留时间,而且对峰形也有较大的影响。分别改变流动相的 pH 值,即 pH = 3.00,pH = 4.00 和 pH = 5.00 时,随着酸度的增加,样品保留时间延长,当流动相 pH = 3.00 时,基线较高,峰形拖尾严重。与流动相 pH = 5.00 相比,当流动相 pH = 4 时,样品响应值较大,灵敏度较高,因此最终选择流动相的 pH = 4.00,图 3-5 所示为该条件下的三聚氰胺色谱图。

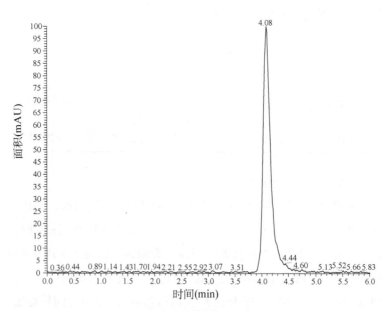

图 3-5　三聚氰胺色谱

3.2.2.4　质谱条件的优化

用 90％乙腈水溶液，将三聚氰胺标准品和 $^{15}N_3$ - 三聚氰胺配制成浓度为 1 μg/mL 的溶液，注入质谱仪中进行一级全扫描和子离子扫描。选择丰度高且干扰少的两对离子为监测离子对，通过质谱条件的优化，最终得到三聚氰胺标准品和 $^{15}N_3$ - 三聚氰胺的定性离子对为 127.0/68.3，127.0/85.2 和 130.0/70.3，130.0/87.2；定量离子对为 127.0/85.2 和 130.0/87.2，如图 3 - 6 所示。

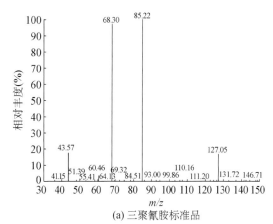

(a) 三聚氰胺标准品

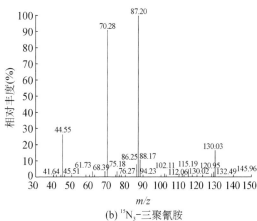

(b) $^{15}N_3$ - 三聚氰胺

图 3 - 6　三聚氰胺标准品和 $^{15}N_3$ - 三聚氰胺的子离子扫描图

3.2.2.5 线性关系

分别配置浓度为 1，2，5，10，20 和 50 ng/mL 的三聚氰胺和 $^{15}N_3$-三聚氰胺混合标准溶液。在前述色谱条件下进行色谱分析，以峰面积定量，对检测结果进行线性回归，结果表明，三聚氰胺和 $^{15}N_3$-三聚氰胺在 1~50 ng/mL 浓度范围内线性关系良好，三聚氰胺的线性回归方程：$y = 72\,469.5x + 107\,834$，$R^2 = 0.999\,5$；$^{15}N_3$-三聚氰胺线性回归方程：$y = 99\,573.2x - 10\,418.1$，$R^2 = 0.999\,0$。

3.2.2.6 方法的检测限

按照最佳仪器条件，将标准稀释多次进样，以 3 倍信噪比确定 LC-MS/MS 检测低限为 0.3 ng/L。

3.3 小结

（1）HPLC 仪器条件采用紫外检测器波长 240 nm，流速 1.0 mL/min，乙腈/庚烷磺酸钠和柠檬酸缓冲液（15/85，V/V）为流动相，在此方法下得出三聚氰胺在 0.5~30 μg/mL 范围内线性良好，建立线性回归方程为：$y = 48\,822x + 3\,396.7$，$R^2 = 0.999\,9$。方法检测限为 0.15 μg/mL。

（2）LC-MS/MS 仪器条件采用 WCX 色谱柱，无需在流动相中加入离子对试剂，在流动相配比为乙腈/10 mmol/L 的乙酸铵 90/10（V/V）、流动相 pH 值为 4.00 测定三聚氰胺，可将其保留时间延长至 4.08 min 左右，峰形良好，对称性好。在此条件下得出三聚氰胺在 1~50 ng/mL 范围内线性良好，建立线性回归方程为：$y = 72\,469.5x + 107\,834$，$R^2 = 0.999\,5$。方法检测限为 0.3 ng/L。

第四章
三聚氰胺的样品前处理技术研究

随着环境样品复杂性的增加,越来越多的分析方法需要简便且具有较低的检测限,选择合适、快速、简单的样品前处理和净化程序是分析复杂样品的先决条件[106]。目前,三聚氰胺前处理最常用的提取技术包括机械振荡、搅拌及匀浆、超声波提取和液液萃取等,本章针对不同的基质采用了超声波提取、机械振荡和固相萃取三种提取方式。

4.1 材料与方法

4.1.1 仪器

PE200 高效液相色谱仪,Perkin Elmer 公司;TSQ Quantum 三重四极杆液质联用仪,赛默飞世尔科技(中国)有限公司;EDAA - 2500TH 超声仪,上海安谱科学仪器有限公司;IKA · KS 260 basic 周转式振荡器,IKA 中国公司;AllegraX - 22R 离心机,贝克曼库尔特商贸(中国)有限公司;EFAA - DC12H 氮吹仪,上海安谱科学仪器有限公司。

4.1.2 试剂

三聚氰胺标准品:纯度 $\geqslant 99\%$,$^{15}N_3$ - 三聚氰胺:纯度 $\geqslant$

99.1%,丰度≥99.4(atom)% ^{15}N,由上海化工研究院提供;乙腈、甲醇均为色谱纯,氨水、三氯乙酸、乙酸铵、庚烷磺酸钠、柠檬酸由上海国药集团提供。

4.1.3 供试材料

（1）供试土壤取自上海闵行区浦江镇农田 0～20 cm 表层的水稻土,土壤基本理化性质如表 4-1 所示。

表 4-1 供试土壤理化性质

pH 值	有机质 ($g \cdot kg^{-1}$)	全氮 ($g \cdot kg^{-1}$)	全磷 ($g \cdot kg^{-1}$)	CEC ($cmol \cdot kg^{-1}$)	机械组成（%）		
					砂粒	粉粒	黏粒
8.18	16.17	1.14	1.36	15.60	51.49	28.37	20.14

（2）供试作物:青菜、马铃薯、小麦。

（3）供试肥料:无机、有机和复混肥由上海出入境检验检疫局提供。

4.1.4 样品前处理

（1）土壤:准确称取 2.00 g 土样,加入一定量的三聚氰胺标准品,选择氨水甲醇(5/95, V/V)、20%甲醇和 90%乙腈溶液为提取剂,分别对样品超声 2 min, 5 min, 10 min, 20 min, 30 min,比较不同提取剂和超声时间对土壤中三聚氰胺提取效率的影响。

（2）蔬菜:称取 5 g 青菜样品(马铃薯、小麦样品称取 1 g)于 50 mL 离心管中,加入一定量的三聚氰胺标准品,分别用氨水甲醇溶液(5/95, V/V)、氨水乙腈溶液(5/95, V/V)、甲醇溶液(50/50, V/V)、乙腈溶液(50/50, V/V)、水以及 1%三氯乙酸提取,超声时间从 2 min 到 30 min,提取次数的比较,确定最优提取条件。

（3）肥料:准确称取 1.000 g 化肥样品粉末(精确到 0.1 mg),

置于锥形瓶中,加入一定量的三聚氰胺标准溶液,分别用 30 mL 氨水/甲醇/水(20/70/10,$V/V/V$)、甲醇/水(50/50,V/V)、水、30 mL 流动相(乙腈/庚烷磺酸钠-柠檬酸缓冲液 15/85,V/V)提取,分别进行超声提取和振荡提取,样品经过预处理,取一定提取液氮吹干后分别用 20%甲醇水溶液和流动相(15/85 乙腈/庚烷磺酸钠-柠檬酸缓冲液)定容,比较定容液对仪器检测的影响。

4.1.5 方法回收率试验

准确称取 2.000 g 土壤,添加适量的三聚氰胺标准溶液于土壤样品中,分别配制 50,200,800 mg/kg 三聚氰胺溶液,涡旋 1 min,静置过夜,待甲醇完全挥发后,按 4.1.4 所述样品预处理方法处理样品。

4.2 结果与分析

4.2.1 土壤中三聚氰胺测定的前处理方法

4.2.1.1 提取试剂的选择

图 4-1 为氨水甲醇(5/95,V/V)、甲醇(20%)和乙腈(90%)不同提取试剂对土壤样品中三聚氰胺的提取效果,由图 4-1 可见,3 种提取剂对土壤中三聚氰胺的提取效果依次为氨水甲醇>甲醇>乙腈,其回收率分别为 95.4%,87.4%和 61.0%。

4.2.1.2 超声时间的选择

选出最佳提取试剂后,再通过调整超声时间对提取方法进行优化。称取 2 g 土样,用氨水甲醇溶液作为提取试剂,考察不同超声时间对三聚氰胺土壤回收率的影响,结果见图 4-2。由图 4-2 可见,超声 2,5,10,20,30 min,土壤中三聚氰胺的回收率分别

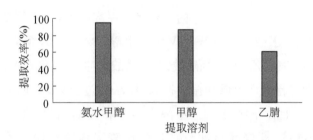

图 4-1　不同提取试剂对土壤中三聚氰胺提取效率的影响

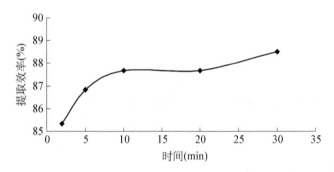

图 4-2　超声时间对提取效率的影响

为：85.3％, 86.8％, 87.7％, 87.7％, 88.5％。显著性检验结果表明，除超声 2 min 处理的回收率有显著性差异外，其他 4 个处理的回收率之间无显著性差异。因此，选择超声 5 min 处理，节省了样品预处理时间。

4.2.1.3　方法回收率

从表 4-2 可见，当添加浓度在 50～800 mg/kg 范围内，回收率在 82.65％～90.67％，变异系数为 0.76％～2.78％。具有较好的重现性，精密度较高。

通过提取试剂以及超声时间的优化，最终确定土壤中三聚氰胺测定的前处理方法：准确称取 2.000 g 土壤样品（过 20 目筛），

表 4 - 2　土壤样品中三聚氰胺回收率

添加浓度 (mg·kg⁻¹)	测定值(mg·kg⁻¹)			平均回收率 (%)	变异系数 (%)
	1	2	3		
50.00	1.83	1.80	1.81	90.67	0.76
200.00	7.48	7.10	7.09	90.29	2.78
800.00	25.97	26.42	26.95	82.65	1.53

置于 50 mL 离心管中,加入 25 mL 氨水甲醇溶液,振荡混匀后超声提取 5 min,0 ℃,10 000 r/min 条件下离心 10 min,将上清液倒入另一 50 mL 离心管中。在盛有残渣的离心管中再次加入 25 mL 氨水甲醇溶液,重复上述操作,将上清液倒入盛有第一次上清液的离心管中。取混合后的上清液 5 mL,N₂ 吹干,用 20% 甲醇溶液定容至 5 mL,过 0.45 μm 有机滤膜后,上机检测。

4.2.2　蔬菜中三聚氰胺测定的前处理方法

4.2.2.1　提取试剂

图 4 - 3 为不同提取试剂对马铃薯中三聚氰胺的提取效果,氨水甲醇溶液(5/95,V/V)、氨水乙腈溶液(5/95,V/V)、甲醇溶液(50/50,V/V)、乙腈溶液(50/50,V/V)、水以及 1% 三氯乙酸的提取效率依次为:17.3%,5.5%,9.5%,10.6%,10.6% 和 92.3%。因此确定最佳提取试剂为 1% 三氯乙酸。

4.2.2.2　超声时间和提取次数

以 1% 三氯乙酸为提取试剂,比较了超声时间以及提取次数对回收率的影响。超声时间从 2 min 到 30 min,提取效率依次为:80.5%,90.4%,91.4%,90.4%,91.9%。结果如表 4 - 3 所示,除 2 min 外,延长超声时间对提取效果影响不明显,因此选择超声时间为 5 min。

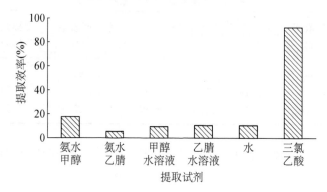

图4-3　不同提取试剂对三聚氰胺的提取效率

表4-3　超声时间对提取效率的影响

添加浓度 (mg·kg^{-1})	超声时间 (min)	回收率(%)			均值(%)
10	2	80.5	79.8	81.2	80.5
	5	89.4	90.6	91.3	90.4
	10	91.8	92.1	90.4	91.4
	20	88.9	89.7	92.6	90.4
	30	93.5	90.4	91.7	91.9

　　表4-4为在提取试剂为1‰三氯乙酸,超声5 min条件下,比较提取次数对回收率的影响。50 mL 1‰三氯乙酸提取1次回收率为91.5%;25 mL 1‰三氯乙酸提取2次回收率为92.3%。结果表明,提取次数对提取效果影响不明显,因此选择提取1次。

表4-4　提取次数对提取效率的影响

添加浓度 (mg·kg^{-1})	提取次数	回收率(%)			均值(%)
10	1	92.5	91.2	90.8	91.5
	2	93.4	92.3	91.1	92.3

4.2.2.3　方法添加回收率

表 4-5 所示为青菜和马铃薯样品中添加不同浓度三聚氰胺时的回收率。由表 4-5 可见当青菜添加 0.2～20 mg/kg 三聚氰胺浓度时,回收率为 71.2%～95.4%,变异系数为 1.40%～5.19%。当马铃薯中三聚氰胺添加浓度为 1.0～50 mg/kg 时,回收率为 93.8%～107%,变异系数为 2.12%～2.43%,具有较好的重现性,精密度较高,证明该检测方法可行。

表 4-5　不同处理的蔬菜样品中三聚氰胺回收率

蔬菜品种	添加浓度 (mg·kg^{-1})	测定值(mg·kg^{-1})			平均回收率 (%)	变异系数 (%)
		1	2	3		
青菜	0.2	0.16	0.17	0.18	85.0	5.19
	2.0	1.93	1.77	1.83	95.4	4.40
	20.0	14.00	14.20	14.50	71.2	1.40
马铃薯	1.0	0.95	0.92	0.94	93.8	2.12
	50.0	55.10	52.50	53.60	107.0	2.43

通过提取试剂、超声时间、提取次数的比较,最终得到作物中三聚氰胺前处理的方法为:将青菜清洗干净后剪碎(马铃薯、小麦样品清洗干净,切成薄片,50 ℃烘干,研磨成粉状)。称取 5 g 青菜样品(马铃薯、小麦样品称取 1 g)于 50 mL 离心管中,倒入 50 mL 提取液(1%三氯乙酸)。超声提取 5 min,然后在 0 ℃,10 000 r/min 的条件下离心 10 min,取 30 mL 上清液倒入另一 50 mL 的离心管中,加入 2 mL 乙酸(22 g/L),振荡 1 min 后离心 5 min。取 3 mL 上清液过 MCX 柱,用氨水甲醇溶液洗脱,并收集洗脱液,然后在氮吹仪中吹干,接着用 90%乙腈溶液定容至 5 mL,取 2 mL,过 0.45 μm 有机滤膜,用 LC-MS-MS 检测。

4.2.3 肥料中三聚氰胺测定的前处理方法

4.2.3.1 提取方式的选择

表4-6所示为不同提取方式下检测化肥中三聚氰胺的含量。由于化肥成分复杂,超声提取与机械振荡相比,提取液中杂质较多,干扰检测效果。由表4-6可以看出,超声对三聚氰胺的回收率为11.75%~41.44%,而机械振荡方式为95%~105%,明显高于超声方式,因此,采用机械振荡方式有助于三聚氰胺的提取。

表4-6 不同提取方式检测化肥中三聚氰胺的回收率

添加浓度 (mg·kg^{-1})	样品编号	$\eta_{回收}$(%)	
		超声	机械振荡
10	无机肥	28.60	99.4
	有机肥	41.44	95.0
	复混肥 A	11.75	105
	复混肥 B	30.29	97.0

4.2.3.2 提取试剂的选择

表4-7所示为不同氨水比例的氨水甲醇水溶液对肥料中三聚氰胺的提取效率。表中可见,化肥中三聚氰胺的提取含量并未随着提取液中氨水比例的提高而增加,当氨水比例为20%时提取效果最佳。

表4-7 不同氨水比例对肥料中三聚氰胺提取效率的影响

提取液氨水比例(%)	检测含量(mg·kg^{-1})	提取效率(%)
5	27.0	64.83
10	24.6	59.06
20	41.4	99.40
30	33.9	81.39
40	33.3	79.95
CK	0	0

表4-8所示为不同提取液对化肥中三聚氰胺的提取效果。由表中可见,同一化肥样品用氨水甲醇水溶液作为提取液测定的化肥样品中三聚氰胺含量最高,回收率达到94.7%～101.2%,提取效果最好。甲醇水溶液作为提取液提取效果稍差,回收率为60.5%～87.1%。用水提取的效果最差,基线较高,且没有明显的峰出现。用乙腈/庚烷磺酸钠-柠檬酸缓冲液(15/85,V/V)作为提取液时,结果只有在2～3 min时出现峰,无其他峰。标液出峰时间为7.65 min。因此,氨水甲醇作为提取液提取效果明显优于其他。

表4-8　不同提取液提取化肥中三聚氰胺含量及回收率

提取试剂	加标回收率(%)	
	5(mg·kg^{-1})	500(mg·kg^{-1})
氨水/甲醇/水 (20/70/10,$V/V/V$)	95.0;94.7;95.6	99.4;98.3;101.2
甲醇/水 (50/50,V/V)	60.5;63.2;61.8	84.8;85.4;87.1

4.2.3.3　定容液的选择

化肥样品按前述最优提取方法提取后,取10 mL,氮吹干,分别用5 mL 20%甲醇水溶液、5 mL 15/85(V/V)乙腈/庚烷磺酸钠-柠檬酸缓冲液定容。HPLC检测结果如图4-4所示。通过图4-4可以明显看到,与20%甲醇水溶液相比,用15/85(V/V)乙腈/庚烷磺酸钠-柠檬酸缓冲液作为定容液时,检测灵敏度大大提高。

通过提取方式、提取试剂、定容液的优化,最终确定化肥中三聚氰胺测定的前处理方法为:准确称取1.000 g化肥样品粉末(精确到0.1 mg),置于锥形瓶中,加入25 mL氨水/甲醇/水(20/70/

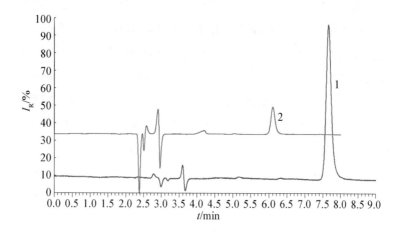

图4-4 不同定容溶液条件下肥料中三聚氰胺 HPLC 图谱

注：1 为 15/85(V/V)乙腈/庚烷磺酸钠-柠檬酸缓冲液；2 为 20% 甲醇水溶液

10，$V/V/V$)提取液，振荡 30 min，之后在 0 ℃，10 000 r/min 条件下离心 10 min，将上清液倒入另一锥形瓶中。在盛有残渣的锥形瓶中再次加入 25 mL 提取液，重复上述操作，将上清液倒入盛有第一次上清液的锥形瓶中。取混合后的上清液 10 mL，N_2 吹干，用稀释液定容至 5 mL，过 0.45 μm 有机滤膜后，HPLC 上机检测。

4.3 小结

（1）采用氨水甲醇溶液作为提取试剂，超声 5 min，对土壤中三聚氰胺进行前处理时，三聚氰胺在 50～800 μg/mL 加标范围内平均回收率为 82.6%～90.7%，变异系数为 0.76%～2.78%。操作简便，对三聚氰胺提取重复性好，灵敏度高，适用于土壤中三聚氰胺的检测。

（2）蔬菜中采用 1% 三氯乙酸为提取试剂，超声 5 min，50 mL 提取液提取一次，结果表明，青菜添加水平在 0.2～20 mg/kg 范围内,回收率在 71.2%～95.4%,变异系数为 1.40%～5.19%;马铃薯添加水平在 1.0～50 mg/kg 范围内,回收率在 93.8%～107%,变异系数为 2.12%～2.43%。

（3）肥料中以氨水/甲醇/水（20/70/10，$V/V/V$）为提取试剂,选择 15/85(V/V)乙腈/庚烷磺酸钠-柠檬酸缓冲液作为定容液,检测灵敏度大大提高,在此方法下得出肥料中三聚氰胺添加浓度为 5～500 mg/kg 范围内,平均回收率为 95.1%～99.6%。该方法准确度高,重现性好,适用于肥料中三聚氰胺的检测。

第五章
电导离子色谱法检测肥料与
土壤中的三聚氰胺

电导离子色谱法是将改进后的电导检测器安装在离子交换树脂柱的后面,以连续检测色谱分离的离子。离子色谱的最新应用主要是以解决传统 GC 和 HPLC 所无法解决的分析难题为主,其特征是可电离、无或弱紫外吸收的化合物。1975 年 H·斯莫尔等人将经典的离子交换色谱与高效液相色谱技术相结合,创造了使用连续电导检测器的现代离子色谱法,它与经典的离子交换色谱的区别在于分离柱的高效能,即现代离子色谱使用小粒度和低交换容量的树脂及小柱径的分离柱,以及进样阀进样,泵输送洗脱液,连续检测,故具有迅速、连续、高效、灵敏等优点。

5.1 材料与方法

5.1.1 仪器与设备

ICS-1000 离子色谱仪,美国戴安公司,配置非抑制性电导检测器;离心机;固相萃取系统;氮吹仪;MCX 固相萃取小柱,3 mL/60 mg; 0.45 μm 有机滤膜。

5.1.2　材料与试剂

三聚氰胺(MEL),化学纯;甲基磺酸(MSA),分析纯;乙腈,HPLC级;冰醋酸,分析纯;氨水,分析纯。以上试剂均由国药集团提供。

市售钾、钠、铵、钙、镁、锌标准溶液,各离子浓度分别为 1 g/L,标准物质中心。

所有用水 Millipore 纯水机产生的电导率大于 18.2 MΩ/cm 的纯水。

样品为市售化肥样品 A，B，C，D，7♯。

5.1.3　色谱条件

色谱柱:分离柱为特制－IonPacRTCSseparator（4 μm × 250 mm),保护柱为 IonPac R PCSS1 Guard(4 μm×50 mm)。淋洗液 3 mmol/L 的甲基磺酸 15％(体积比)的乙腈水溶液,淋洗液流速为 0.9 mL/min,进样体积为 20 μL。

5.1.4　样品测定

称取约 0.5 g 的化肥试样,准确加入 50 mL 1％三氯乙酸溶液。超声 5 min,经涡旋振荡器高速振荡 30 min 后,在离心机上于 5 000 r/min 离心 5 min。活化 MCX 固相萃取柱、再用萃取柱分离洗脱测试液。洗脱液 70 ℃氮气吹干,准确加入 5 mL 3 mmol/L 甲基磺酸溶液,过 0.45 μm 滤膜,上仪器测定。

5.2　结果与讨论

5.2.1　检测器的选择

三聚氰胺是多价有机胺化合物,呈弱碱性,其 pH 值约 8.0,酸性条件下以阳离子形式存在,可以为电导检测器检测。试验中选择非抑制型电导检测法测定化肥中的三聚氰胺,以甲基磺酸作为淋洗液,检测酸性条件下三聚氰胺的阳离子,该检测方式具有较低的检出限以及线性范围宽的优点。

5.2.2 化肥中的干扰离子

根据文献资料,化肥中可能含有的阳离子有 NH_4^+,Na^+,K^+,Ca^{2+},Mg^{2+},Cu^{2+},Zn^{2+}。配制成 NH_4^+,Na^+,K^+,Ca^{2+},Mg^{2+},Zn^{2+},三聚氰胺混合溶液各 5.0×10^{-6},在 3 mmol/L MSA+15%乙腈、流速 0.9 mL/min 条件下测定其保留时间,色谱图见图 5-1。

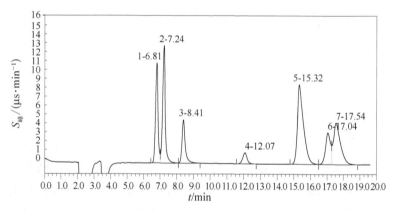

图 5-1 MEL 与干扰离子色谱图(3 mmol/L MSA+15%乙腈、流速 0.9 mL/min)

图 5-1 中各阳离子出峰顺序为 Na^+(6.81 min,1),NH_4^+(7.24 min,2),K^+(8.41 min,3),MEL(12.07 min,4),Mg^{2+}(15.32 min,5),Zn^{2+}(17.04 min,6),Ca^{2+}(17.54 min,7)。K^+,Mg^{2+}与三聚氰胺的离子峰距离最近,因此在进行色谱条件优

化时,需要考察 K^+,Mg^{2+} 与三聚氰胺的离子峰的分离情况。

5.2.3 淋洗液的选择

5.2.3.1 甲基磺酸(MSA)浓度的选择

以流速 1.0 mL/min 为例,考察(1,2,3,4)mmol/L 甲基磺酸+10%乙腈水溶液下 $5.0×10^{-6}$,$200.0×10^{-6}$(峰形和线性)的三聚氰胺水溶液的保留时间、峰形,与其他阳离子的分离情况,以及对柱压的影响,实验结果如表 5-1 所示。

由试验数据可以得出以下结论:

(1) MSA 浓度对于峰面积 S、峰高 H 和峰形影响:MSA 浓度增加,峰面积基本不变,峰高增加,峰形更加对称,拖尾减少。

(2) MSA 浓度对 MEL 保留时间影响:MSA 浓度增加,MEL 保留时间缩短。

(3) MSA 浓度对 MEL 与干扰离子分离的影响:MSA 浓度增加,MEL 与干扰离子的保留时间都缩短,MEL 相对于 Mg^{2+} 的分离度减小;当浓度为 2 mmol/L 时,Mg^{2+} 的保留时间为 34.77 min,时间太长;当浓度增加到 4 mmol/L 时,MEL 与 Mg^{2+} 的色谱峰有干扰,MEL 相对于 K^+ 的分离度仍很高。

(4) MSA 浓度对系统压力的影响:MSA 浓度增加,对于柱压没有影响,流速 1.0 mL/min 时柱压在 18.13~18.55 MPa 之间变化。

综合以上分析,3 mmol/L 的甲基磺酸是比较合适的。

5.2.3.2 乙腈浓度的选择

以流速 1.0 mL/min 为例,考察 3 mmol/L 甲基磺酸+5%,10%,15%,20%,40%乙腈水溶液时 $5.0×10^{-6}$,$200.0×10^{-6}$(峰形和线性)的三聚氰胺水溶液的保留时间、峰形,与其他阳离子的分离情况,以及对柱压的影响,实验结果如表 5-2 所示。

表 5 - 1 MSA 浓度对于 MEL 检测的影响

MSA 浓度	t_R/min	$S_峰$/μS		$H_峰$/μS		t/min		$P_柱$/MPa
		5.0×10^{-6}	200.0×10^{-6}	5.0×10^{-6}	200.0×10^{-6}	Mg^{2+}	K^+	
1 mmol/L+10%(乙腈)	33.70	0.3588	14.514	0.455	18.036	—	—	18.55
2 mmol/L+10%(乙腈)	18.39	0.3465	14.318	0.788	31.737	34.77	11.293	18.46
3 mmol/L+10%(乙腈)	13.04	0.3368	14.685	1.059	44.716	16.900	8.237	18.13
4 mmol/L+10%(乙腈)	10.41	0.3536	14.558	0.097	53.433	10.697	6.750	18.20

表 5 - 2 乙腈浓度对于 MEL 检测的影响

乙腈浓度(+*%)	t_R/min	$S_峰$/μS		$H_峰$/μS		t/min		$P_柱$/MPa
		5.0×10^{-6}	200.0×10^{-6}	5.0×10^{-6}	200.0×10^{-6}	Mg^{2+}	K^+	
3 mmol/L	18.49	0.4012	15.9369	0.864	28.846	23.01	9.283	18.00
3 mmol/L+5%	15.47	0.3797	15.5464	0.995	35.791	20.21	8.837	17.44
3 mmol/L+10%	13.04	0.3368	14.6846	1.059	44.716	16.90	8.237	18.13
3 mmol/L+15%	10.89	0.3326	13.6790	1.228	50.161	13.73	7.553	18.55
3 mmol/L+20%	9.623	0.3131	13.1722	1.305	53.330	11.76	7.140	18.75
3 mmol/L+40%	6.880	0.2346	9.1464	1.358	47.792	7.043	5.210	18.48

由试验数据可以得出以下结论：

（1）乙腈浓度增加，MEL 和干扰离子保留时间缩短，峰面积略有减小，峰高增加明显，但到 40％时，峰高开始下降。柱压增大，到 15％以后柱压增加不明显，总电导减小。

（2）乙腈浓度小于 10％时，200.0×10^{-6}MEL 峰拖尾；15％以后峰拖尾明显改善。

（3）干扰离子的影响：20％之前 200.0×10^{-6}MEL 能与 Mg^{2+} 有效分离，20％时刚好能够分离，40％时有干扰。

因此，乙腈浓度选择 15％为佳。

5.2.3.3　流速的选择

离子色谱仪的最佳流速范围为 0.5～2 mL/min，考虑到 Peek 管线的耐压最好在 18.62 MPa 以下，对应的流速为 1.0 mL/min，因此试验中流速范围设定为 0.6～1.0 mL/min。以 3 mmol/L 甲基磺酸＋15％乙腈水溶液为淋洗液，考察流速 0.6，0.7，0.8，0.9，1.0 mL/min 对 5.0×10^{-6}，200.0×10^{-6} 的三聚氰胺水溶液的保留时间，与其他阳离子的分离情况，以及对柱压的影响，实验结果如表 5－3 所示。

由试验数据可以得出以下结论：

（1）3 mmol/L 甲基磺酸＋15％乙腈水溶液为淋洗液时，不同流速下，峰形均较好，且均能与干扰离子很好分离，流速对于峰对称性的影响不大。

（2）流速增加，电导检测器的灵敏度下降，峰面积明显减小，峰高略有下降，柱压明显增大。在保证试验中三聚氰胺较高的灵敏度、与干扰离子能够较好的分离且柱压允许的情况下，能够快速的完成检测，选择 0.9 mL/min 的流速（见图 5－2）。

表 5 - 3　流速对于 MEL 检测的影响

$U_{流}$/(mL·min⁻¹)	t_R/min	$S_{峰}$/μS 5.0×10⁻⁶	$S_{峰}$/μS 200.0×10⁻⁶	$H_{峰}$/μS 5.0×10⁻⁶	$H_{峰}$/μS 200.0×10⁻⁶	t/min Mg²⁺	t/min K⁺	$P_{柱}$/MPa
0.6	18.13	0.563 4	24.252 5	1.358	58.086	22.640	12.553	12.20
0.7	15.54	0.483 7	19.665 5	1.326	54.421	19.503	10.780	13.82
0.8	13.61	0.424 4	17.410 0	1.289	53.565	17.153	9.450	15.44
0.9	12.10	0.396 4	16.002 3	1.373	53.404	15.317	8.407	16.96
1.0	10.89	0.332 6	13.679 0	1.228	50.161	13.730	7.553	18.55

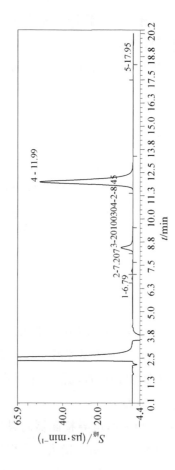

图 5 - 2　200 mg/L 三聚氰胺标准溶液离子色谱图(3 mmol/L MSA+15%乙腈、流速 0.9 mL/min)

5.2.4 样品的前处理方法的选择

5.2.4.1 三聚氰胺在不同提取液中的溶解度

表 5-4 三聚氰胺在不同提取液中的溶解度

提取液	甲醇	5％氨水甲醇	水	1％三氯乙酸溶液
溶解度/(g·100 mL^{-1})	0.01	0.06	0.37	1.42

由表 5-4 可见,三聚氰胺在 1％三氯乙酸溶液中的溶解度最大,因此选择 1％三氯乙酸溶液作为提取液。

5.2.4.2 前处理方法的确定

由于化肥种类繁多,有酸性、中性、碱性化肥,含量较大的干扰离子有钾、钠、铵、钙等离子。当这些干扰离子的含量很高时,可能影响到三聚氰胺的检测,因此在液液萃取之后必须净化后再进样分析。根据 GB/T 22400—2008《原料乳中三聚氰胺快速检测　液相色谱法》与 GB/T 22388—2008《原料乳与乳制品中三聚氰胺检测方法》中的前处理方法,试验中在液液萃取后使用 MCX 固相萃取柱进行净化处理。

首先采用 1％三氯乙酸水溶液萃取样品中的三聚氰胺,酸性条件下三聚氰胺以阳离子形式存在,与其他钾、钠、铵等阳离子一同为 MCX 固相萃取柱吸附;然后用水和甲醇进行洗涤,除去固相萃取柱上吸附的杂质离子;再以 5％氨水甲醇溶液淋洗,碱性条件下三聚氰胺阳离子转化为三聚氰胺分子,从而被洗脱。洗脱液在氮吹仪中吹干后,氨水挥发完全,加水后溶液基本呈中性,不会在酸性条件下产生过多的铵离子,干扰三聚氰胺的测定。

5.2.5 线性范围和仪器最低检出限

配制三聚氰胺浓度为 0.2,0.5,5,50,200,400,800,1 000,

2 000 mg/L 的标准品溶液,在 3 mmol/L 甲基磺酸＋15％乙腈水溶液为淋洗液、流速为 0.9 mL/min 条件下,参考 JJG 823－1993《离子色谱仪检定规程》考察三聚氰胺的线性范围,以 0.5 mg/L 的标准溶液考察仪器的检出限。

以浓度(mg/L)为横坐标 x,以峰面积(μs/min)为纵坐标 y,测得三聚氰胺的线性范围为 0～2 000 mg/L,线性方程为 $y = 0.081\,0x - 0.078\,3$;线性相关系数 R^2 为 1.000 0。以信噪比为 3($S/N = 3$)计算,三聚氰胺最低仪器检出限浓度为 0.03 mg/L。

5.2.6　回收率试验以及方法检测范围的确定

对肥料样品添加 5,10,50,100,250,1 000 mg/kg 以及质量分数 10％的不同三聚氰胺浓度水平。1％三氯乙酸溶液提取,MCX 固相萃取柱。重复测定 6 次。回收率结果见表 5－5。

表 5－5　回收率试验

添加三聚氰胺浓度($\times 10^{-6}$)	5	10	50	100	250	1 000	10^5(10％)
平均回收率(％)	90.63	89.72	93.64	97.81	95.29	92.57	93.16
RSD/％	8.48	6.32	4.88	3.87	2.51	4.69	4.07

由表 5－5 可以看出,本方法对于不同添加水平的回收率均很好,回收率在 90％～98％之间。由 5 mg/kg 的回收率情况,以信噪比为 3($S/N = 3$)计算,化肥中三聚氰胺最低检出限为 2 mg/kg,最低定量限为 5 mg/kg。在回收率试验中考察的最大浓度为 10％(质量分数),因此本方法定量范围至少在 5 mg/kg 至 10％(质数分数),而分析范围可达 20％以内(20％的样品可减少称样量)。

5.2.7　实际样品测定

根据 5.1.4 的步骤测定样品 A，B，C，D，7♯中的三聚氰胺含量，重复测定 6 次，结果如表 5 - 6 所示。

表 5 - 6　样品的测定

样品	A	B	C	D	7♯
测定值(mg·kg^{-1})	32.64	60.28	54.58	28.63	未检出
RSD/%	4.84	5.75	2.61	3.69	——

由表 5 - 6 可以看出，5 个样品的测定重复性良好。

5.2.8　与高效液相色谱测定结果对照

为了进一步考察所建立的离子色谱法准确度、适用范围等。我们采用 HPLC 方法对几种肥料样品进行比较测定。结果见表 5 - 7。表 5 - 7 数据表明，对于低含量三聚氰胺的肥料样品，建立的离子色谱方法与高效液相色谱法测定结果相当，两种不同测定方法具有一致评定结论。

表 5 - 7　离子色谱法与高效液相色谱法测定比较

测定样品	HPLC 测定值 ($n = 3$)	IC 测定值 ($n = 3$)	两方法的 RSD/%
B(复混肥)	63.5	62.2	1.1
C(缓释肥)	53.8	50.1	3.8
D(复合肥)	27.6	25.7	3.7

注:高效液相色谱法测定条件:试样经氨水甲醇水溶液提取。提取液振荡、离心后,取上清液氮气吹干,定容液溶解,高效液相色谱检测。高效液相色谱条件是:色谱柱,SPHERI - 5 RP - 18(5 μm, 250 mm×4.6 mm),柱温为常温;流动相梯度洗脱程序见表 5 - 8;流速,0.8 mL/min;进样量,10 μL。

表 5-8　梯度洗脱程序表

时间(min)	乙腈(流动相 A)	庚烷磺酸钠和柠檬酸缓冲盐(流动相 B)
0.5	15	85
8	15	85

5.2.9　两个实际样品(1#，15#)的回收率试验

5.2.9.1　实验方案(Ⅰ)

选取 1 号样品(1#)、15 号样品(15#)，称取 1 g，分别按以下方式加入一定量三聚氰胺(Mel)：

(1) 未加标：1 g 样品＋50 mL 提取液，取 6 mL 过柱吹干，定容至 5 mL。

(2) 0.1％：1 g 样品＋1 mL 1 000×10⁻⁶ Mel＋50 mL 提取液＋50 mL 水，取 6 mL 过柱吹干，定容至 2 mL。

(3) 1％：1 g 样品＋10 mL 1 000×10⁻⁶ Mel＋50 mL 提取液＋50 mL 水，取 6 mL 过柱吹干，定容至 5 mL。

(4) 10％：1 g 样品＋100 mL 1 000×10⁻⁶ Mel＋50 mL 提取液，取 3 mL 过柱吹干，定容至 5 mL。

测试结果见表 5-9 和图 5-3。

表 5-9　实验方案(Ⅰ)的测试结果

参数	原样(未加标)		0.1％(加标)		1％(加标)		10％(加标)	
	1#	15#	1#	15#	1#	15#	1#	15#
$S_{峰}/(\mu s \cdot min^{-1})$	未检出	0.16	2.06	2.06	8.12	7.69	27.93	28.12
$C_{浓度}/10^{-6}$	0	2.06	26.28	26.24	103.36	97.81	355.40	357.80
$\eta_{回收}/\%$	—	—	88.5	79.8	94.7	88.8	88.8	89.4

注：15 号样品的浓度为 86×10⁻⁶。

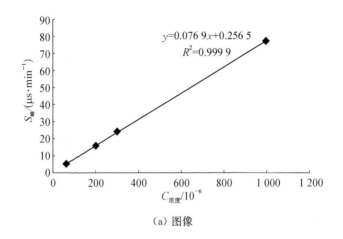

(a) 图像

实验方案（Ⅰ）的标准曲线数据

$C/10^{-6}$	60	200	300	1 000
$S_{峰}/(\mu s \cdot min^{-1})$	4.66	15.54	23.70	77.04

(b) 数据

图 5-3　实验方案（Ⅰ）的标准曲线

5.2.9.2　实验方案（Ⅱ）

选取 1 号样品（1#）、15 号样品（15#），称取 1 g，分别按以下方式加入一定量 Mel：

（1）未加标：1 g 样品＋50 mL 提取液，取 6 mL 过柱吹干定容至 5 mL。

（2）0.1%：1 g 样品＋1 mL 1 000.0×10^{-6} Mel，70 ℃烘干过夜，50 mL 提取液，取 6 mL 过柱吹干，定容至 5 mL。

（3）1%：1 g 样品＋10 mL 1 000.0×10^{-6} Mel，70 ℃烘干过夜，＋50 mL 提取液，取 6 mL 过柱吹干，定容至 5 mL。

测试结果见表 5-10 和图 5-4。

表 5 - 10   实验方案(Ⅱ)的测试结果

参数	原样(未加标)		0.1%(加标)		1%(加标)	
	1#	15#	1#	15#	1#	15#
$S_{峰}/(\mu s \cdot min^{-1})$	未检出	未检出	1.86	1.87	18.34	18.65
$C_{浓度}/10^{-6}$	0	0	24.137	24.314	238.436	242.428
$\eta_{回收}/\%$	—	—	100.6	101.3	99.3	101.0

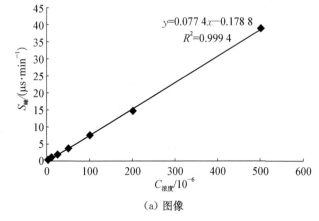

(a) 图像

实验方案(Ⅱ)的标准曲线数据

$C/10^{-6}$	5	10	25	50	100	200	500
$S_{峰}/(\mu s \cdot min^{-1})$	0.37	0.77	1.84	3.78	7.51	14.57	38.83

(b) 数据

图 5 - 4   实验方案(Ⅱ)的标准曲线

经过 7 家实验室的比对,验证结果满意。

5.3   小结

本方法采用离子色谱法测定化肥中三聚氰胺的测定,采用
1%三氯乙酸溶液进行提取,MCX 固相萃取柱进行净化,检出限为

2 mg/kg,定量范围为 5 mg/kg 至 20%(质量分数),测定范围宽,色谱分离效果好,杂质离子干扰小等优点。实际样品不同测定方法的比对、回收率验证试验结果表明,方法具有良好的重复性和再现性,标准添加回收率在 90%~98%,方法的标准回收相对偏差小于 5%。同时,HPLC 与 IC 方法之间相对误差不超过 4%。分析误差完全符合 GB 误差要求。该方法能适用于化肥或土壤中三聚氰胺的测定,并将形成 SN 行业标准。

第六章
肥料中三聚氰胺的降解动态与
作物吸收效应研究

有关土壤中三聚氰胺的降解动态与作物吸收效应至今尚无系统的研究报道。本章以青菜和马铃薯为供试蔬菜,采用 N^{15} 同位素稀释法,通过在土壤中添加三聚氰胺进行盆栽试验,研究了三聚氰胺在土壤中的降解动态及其两种蔬菜的吸收效应。$^{15}N_3$-三聚氰胺稳定性较高,作为标记物加入三聚氰胺标准品中,可消除目标物从盆栽试验到提取检测过程中物理和化学的操作步骤的干扰。同时考察了氮肥和催化剂类物质对植物吸收三聚氰胺的影响,以期为控制土壤三聚氰胺进入食物链,对于保障农产品质量安全具有十分重要的理论和实践意义。

6.1 材料与方法

6.1.1 仪器

TSQ Quantum 三重四极杆液质联用仪,赛默飞世尔科技(中国)有限公司;EDAA-2500TH 超声仪,上海安谱科学仪器有限公司;AllegraX-22R 离心机,贝克曼库尔特商贸(中国)有限公司;EFAA-DC12H 氮吹仪,上海安谱科学仪器有限公司。

6.1.2 试剂

三聚氰胺标准品,纯度≥99％；$^{15}N_3$-三聚氰胺,纯度≥99.1％,丰度≥99.4(atom)％ ^{15}N,由上海化工研究院提供。

乙腈、甲醇均为色谱纯,氨水、三氯乙酸、乙酸铵、庚烷磺酸钠、柠檬酸,由上海国药集团提供。

三聚氰胺标准溶液及$^{15}N_3$-三聚氰胺标准溶液制备:准确称取100 mg 三聚氰胺标准品及$^{15}N_3$-三聚氰胺,分别用90％的乙腈溶液溶解定容至100 mL 的容量瓶中,配置成三聚氰胺标准溶液及$^{15}N_3$-三聚氰胺标准溶液(1 000 μg/mL),4 ℃冷藏备用。

6.1.3 供试材料

(1) 土壤:同4.1.3。

(2) 农作物:青菜、马铃薯均为自己种植。

(3) 氮肥:尿素。

(4) 催化剂:固体超强酸(A),酸性分子筛(B)。

6.1.4 试验方法

(1) 残留降解试验。将三聚氰胺标准品用20％甲醇溶液溶解后,加入土壤,并不断翻动土壤,使三聚氰胺混合均匀,形成含50,100,200,400 mg/kg 三聚氰胺浓度梯度的土壤样品。保持土壤与田间持水量一致,在试验0,1,3,8,15,24,33 和120 d,用自制土壤取样器,取各盆钵表层(0～15 cm)土壤50 g 左右,检测土壤中三聚氰胺的残留量。

(2) 植物吸收效应。将$^{15}N_3$-三聚氰胺与三聚氰胺标准品以1∶99(W/W)的比例混合,用20％甲醇溶液溶解后,加入土壤,并不断翻动土壤,使三聚氰胺混合均匀,形成含20～800 mg/kg 三聚氰胺浓度梯度的土壤样品。分别取不同浓度的土壤于盆钵中(内径 25 cm,高 25 cm),每个盆钵中装土 10 kg,种植 25 株青菜、1 个马铃薯。另装 2 盆空白土壤,分别种植青菜和马铃薯作为对照,每个处理设置 3 个重复。整个生长期间未施任何农药,每次每盆浇水约 500 mL。

(3) 氮肥对作物吸收三聚氰胺的影响。将三聚氰胺标准品用 20% 甲醇溶液溶解后,加入土壤,并不断翻动土壤,使三聚氰胺混合均匀,形成含 20,50,100,200,400 mg/kg 三聚氰胺浓度梯度的土壤样品,另装 1 盆空白土壤;同时另取含不同浓度三聚氰胺的土壤及空白土壤分装于盆钵中,每盆拌入氮肥,并种植 24 棵小麦。实验共 12 个处理,每个处理设置 3 个重复。整个生长期间未施任何农药,每次每盆浇水约 500 mL。

(4) 土壤中三聚氰胺的催化降解。首先配制三聚氰胺浓度为 100 mg/kg 的土壤,取 5 kg 分装于 3 个盆钵中,其中一个不处理,其余两个分别拌入催化剂 A,B。另装 1 盆空白土壤,分别种植 25 株青菜。实验共 4 个处理,每个处理设置 3 个重复。整个生长期间未施任何农药,每次每盆浇水约 500 mL。

(5) 蔬菜取样。蔬菜成熟后从土壤中取出,用自来水冲洗干净,滤纸吸干表面水分,马铃薯切成薄片烘干,研磨成粉,分别测定青菜根、茎叶和马铃薯块茎中三聚氰胺的浓度。并在青菜生长 50 d 时测量青菜的株高、株数,按下列公式评价三聚氰胺对青菜生长的抑制作用:

$$抑制率 = [对照区株数(株高) - 处理区株数(株高)] / 对照区株数(株高) \times 100\%。$$

(6) 蔬菜中三聚氰胺(ME)和 $^{15}N_3$-三聚氰胺($^{15}N_3$-ME)含量检测:将青菜清洗干净后剪碎,马铃薯样品清洗干净,切成薄片,

50 ℃烘干,研磨成粉状。分别称取 5 g 青菜样品和 1 g 烘干过筛后的马铃薯粉于 50 mL 离心管中,加入 50 mL 1‰三氯乙酸。超声提取 5 min,然后在 0 ℃,10 000 r/min 的条件下离心 10 min,取 30 mL 上清液倒入另一 50 mL 的离心管中,加入 2 mL 乙酸(22 g/L),振荡 1 min 后离心 5 min。取 3 mL 上清液过 MCX 柱,用氨水甲醇溶液洗脱,并收集洗脱液,然后在氮吹仪中吹干,再用 90% 乙腈溶液定容至 5 mL,取 2 mL,过 0.45 μm 有机滤膜,LC‐MS‐MS 检测。

(7) 数据处理。采用 Oring 8.0 软件进行非线性曲线拟合,对土壤中三聚氰胺的残留降解参数进行拟合,建立三聚氰胺在土壤中的残留降解动态 Logistic 方程

$$Y = A_2 + \frac{A_1 - A_2}{1 + (t/t_0)}。$$

在上式中:Y 为土壤中三聚氰胺残留量;A_1 为三聚氰胺初始残留量(mg/kg);A_2 为最终残留量(mg/kg);t 为降解时间;t_0 为半衰期(单位 d);P 为降解控制无量纲参数。

6.2 结果与分析

6.2.1 不同质量比的三聚氰胺在土壤中的降解动态

由图 6‐1 可见,50,100,200,400 mg/kg 不同质量比三聚氰胺处理土壤 120 d 后,三聚氰胺的降解率依次为 39.05%,43.69%,38.77% 和 25.79%。表现为随着处理质量比的增加,三聚氰胺在土壤中的降解速率变慢,可能与高质量比三聚氰胺抑制土壤中酶活性,从而影响微生物种群结构有关。从图 6‐1 可见,各质量比处理 20 d 以后,降解曲线平缓,降解速度缓慢,残留时间延长,其降解动态符合 Logistic 方程

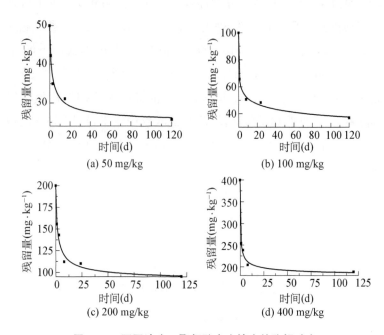

图 6-1　不同浓度三聚氰胺在土壤中的降解动态

$$Y = A_2 + \frac{A_1 - A_2}{1 + (t/t_0)},$$

相关系数均达到 0.95 以上,降解动力学模型各参数见表 6-1。

表 6-1　土壤中三聚氰胺 Logistic 降解动力学模型各参数及统计指标

序号	起始质量比 (mg · kg⁻¹)	$A/(\text{mg} \cdot \text{kg}^{-1})$		t_0/d	P	R^2
		A_1	A_2			
1	50	50.114	24.852	2.361	0.739	0.953 39
2	100	100.016	12.338	4.539	0.198	0.985 50
3	200	199.842	90.390	1.960	0.708	0.959 75
4	400	399.945	177.965	0.328	0.536	0.980 86

有机物在土壤中的降解速率与其本身的理化性质、土壤中微生物含量及种类、pH 值、有机质含量和所种植的植物特性等因素密切相关[107]。Goutailler(2010)[42]研究表明,三聚氰胺在环境中非常稳定,少部分能够通过脱氨基作用降解为三聚氰酸,三聚氰酸不能够通过任何已知的氧化方式降解,只能通过少数假单胞菌和 Klebsiella 微生物作用降解为缩二脲,再进一步分解为尿素、二氧化碳和氨[43]。本文研究结果表明,随着处理浓度的增加,三聚氰胺在土壤中的降解速率变慢,可能与高浓度三聚氰胺抑制土壤中酶活性,从而影响微生物种群结构有关。

6.2.2　不同处理 50 天后两种蔬菜对三聚氰胺的吸收效应

6.2.2.1　青菜对三聚氰胺的吸收

表 6-2 所示为不同处理土壤中青菜根和茎叶中 ME 与 $^{15}N_3$-ME 的浓度与比例。从表 6-2 可以看出,检测到的 $^{15}N_3$-ME 占 ME 的比例与土壤添加比例一致,均为 1% 左右,表明青菜根和茎叶中的三聚氰胺均来自土壤。对青菜不同部位吸收三聚氰胺的研究表明,根部三聚氰胺的浓度高于茎叶,并且随着土壤中三聚氰胺添加质量比的增加,青菜对三聚氰胺的吸收量增加。其中,20,50,100 mg/kg 三聚氰胺处理质量比时,青菜根部的吸收量分别为 8.90,12.02,30.13 mg/kg,茎叶部的吸收量分别为 5.90,10.80,27.63 mg/kg。在图 6-2 中,空白土壤种植的青菜中检测到微量三聚氰胺,且根部的浓度比茎叶中高,其中根部为 0.62 mg/kg,茎叶为 0.04 mg/kg,这一结果与白由路等[41]对三聚氰胺在小麦和玉米生长过程中的传导性研究中的结论一致,作物生长过程中本身是否产生微量三聚氰胺还有待于进一步探索。

表 6 - 2　不同处理土壤中、青菜根和茎叶中 MEL
与 $^{15}N_3$ - ME 的浓度与比例

土壤 ME ($mg \cdot kg^{-1}$)	$C[ME]/(mg \cdot kg^{-1})$		$C[^{15}N_3 - ME]/(mg \cdot kg^{-1})$		$^{15}N_3$ - ME 占 ME 比例(%)	
	根部	茎叶	根部	茎叶	根部	茎叶
20	8.90	5.90	0.08	0.06	0.98	0.99
50	12.02	10.80	0.11	0.11	0.98	0.99
100	30.13	27.53	0.29	0.27	0.97	0.99

注:土壤中$^{15}N_3$ - ME 占 ME 添加总量的 1%。

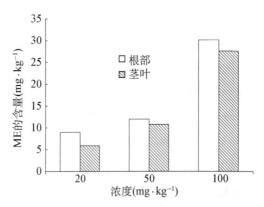

图 6 - 2　青菜不同部位对三聚氰胺的吸收比较

6.2.2.2　不同种类蔬菜可食部分对三聚氰胺的吸收

图 6 - 3 所示为马铃薯和青菜可食部分对土壤中不同浓度三聚氰胺的吸收量。从图 6 - 3 可以看出,两种蔬菜中对土壤中三聚氰胺的吸收量随着添加浓度的升高而增加。其中,马铃薯中三聚氰胺质量比远远高于青菜,土壤中含有 50 mg/kg 和 100 mg/kg 三聚氰胺时,马铃薯的吸收量比青菜分别高 8.3 倍和 6.2 倍。马铃薯其主要食用部位生长于土壤之中,亦属于块茎组织,与土壤中的三聚氰胺直接接触,三聚氰胺可能由食用块茎表面直接进入食用块茎中。

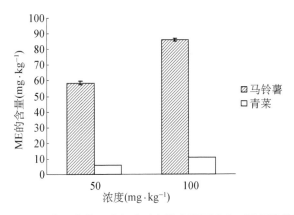

图 6-3　马铃薯和青菜可食部分对土壤中不同浓度三聚氰胺的吸收

　　作物对土壤有机污染物的吸收累积能力与作物特性及污染物的理化性质有非常密切的关系[3]。目前国内外学者在研究土壤-作物系统中三聚氰胺降解与吸收效应时,大多采用经典的农业化学研究方法[41]。鉴于土壤中含有多种形态的氮素,近年来同位素稀释技术已成为研究氮素循环的有效手段[108]。本文采用同位素稀释技术,进一步证实了青菜和马铃薯不同部位均可通过根系吸收土壤中的三聚氰胺,这可能与植物细胞质膜上的一种称作同向转运器的载体蛋白有关。事实上,Soldal(1978)等[109]和 Balke(1988)等[39]研究表明,植物根系不仅能够吸收氨基酸等复杂形式的有机氮,也可吸收三嗪类除草剂,而分子结构上,三嗪正是三聚氰胺的分子骨架,因此,植物吸收三聚氰胺是可能的。

6.2.3　青菜吸收三聚氰胺的生物效应

　　处理 50 d 后,对每个盆栽实验中青菜的株高和株数进行测量,作为评价青菜吸收三聚氰胺后的生物效应。结果表明,土壤中加入三聚氰胺对青菜生长具有显著的抑制效应,当土壤中三聚氰胺质量比为 800 mg/kg 时,青菜几乎停止生长。由图 6-4 可见,与对照相比,土壤中添加 50~800 mg/kg 三聚氰胺对青菜株高的抑制率达 54.3%~95.2%,对株数的抑制率为 10%~90%。

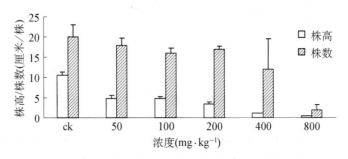

图 6-4 不同处理 50 天后对青菜生长状况的影响

目前,国内外对作物吸收三聚氰胺后的毒害效应缺乏系统研究,国际经济合作与发展组织(OECD)[27]对萝卜等 5 种作物研究表明,三聚氰胺对这些作物的半数效应浓度为 530~1 680 mg/kg。本文研究发现,当土壤中三聚氰胺的质量比达到 800 mg/kg 时,青菜生长受到明显抑制,这可能是由于三聚氰胺能够引起细胞中保护性酶活性降低,导致细胞生物膜的脂质过氧化作用增强,进而影响植物光合作用[110],因此,建议从食品安全角度,有必要制定施肥环境中三聚氰胺的限量标准。

6.2.4 作物吸收三聚氰胺的影响因素

6.2.4.1 方法
设计室外盆栽试验(见图 6-5),处理如下(见表 6-3)。

图 6 - 5　设计室外盆栽试验田的照片

表 6 - 3　室外盆栽试验设计

编号	添加 ME 量(mg·kg^{-1})	是否添加 N
1	0	—
2	50	—
3	100	—
4	200	—
5	400	—
6	800	—
7	0	+
8	50	+
9	100	+
10	200	+
11	400	+
12	800	+

6.2.4.2　实验结果与分析

(1) 小麦成熟后株高统计(见表 6 - 4)。

表 6 - 4　小麦成熟后株高

编号	1	2	3	4	5	6
平均株高(cm)	44.8	46.6	50.5	52.0	39.1	34.7
标准偏差(cm)	6.0	4.3	7.1	6.6	7.3	7.1
编号	7	8	9	10	11	12
平均株高(cm)	53.9	58.3	58.6	62.2	63.5	49.7
标准偏差(cm)	8.7	7.0	8.3	8.0	3.1	9.4

结果表明(见图 6 - 6),①单施 ME 处理在 100～200 mg/kg 时,有促进小麦生长的作用;往后随着浓度 ME 浓度增高,小麦生长愈加受抑制。②混施 ME - N 处理生长状况均优于同等 ME 浓度的单施组,并且可以看出,在 0～400 mg/kg 范围内,随着 ME 浓度的增高,促进小麦生长的作用愈加明显,证实了前人关于施加 ME 促进植物对 N 吸收的观点。

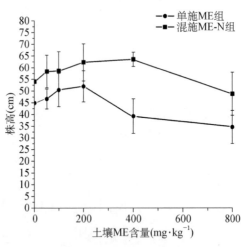

图 6 - 6　小麦成熟后株高

(2)小麦样品 ME 含量检测数据。小麦种植前,土壤处理为梯度浓度的三聚氰胺样品,且 N^{15} 所占比例为 5%。成熟后,实测了麦粒 ME 的含量,见表 6-5。

表 6-5　小麦样品 ME 含量检测

编号	土壤 MEL(mg·kg^{-1})	ME 含量 (μg·kg^{-1})	ME 氮 15 同位素含量(μg·kg^{-1})	实测 N15ME 所占总 ME 的比例(%)
SA1	CK	595.87	0	0
SA2	50	862.60	22.6	2.6
SA3	100	1 282.67	42.7	3.3
SA4	200	9 626.67	534.00	5.26
SA5	400	19 605.33	991.33	4.81
SA6	800	234 546.67	10 773.33	4.39
SA7	0+N	727.53	0	0
SA8	50+N	1 378.33	50.67	3.7
SA9	100+N	2 258.67	101.64	4.5
SA10	200+N	14 732.10	720.02	4.66
SA11	400+N	41 190.333	1 451.04	3.40
SA12	800+N	75 942.333	3 265.20	4.30

从表 6-5 中的数据可以得出:

(1) 随着 ME 处理浓度的递增,小麦吸收并转移到籽粒中的
ME 含量也增加;数据通过回归曲线拟合,得出单施 ME 处理组线
性方程为

$$y = 0.527 + 0.015x - 8.892x^2 + 5.375x^3,$$

混施 ME-N 处理组线性方程为

$$y = 0.557 + 0.017x - 1.125x^2。$$

(2) 相比单施 ME 组(见图 6-7)与混施 ME-N(见图 6-8)组,
在 0～400×10^{-6} 范围内,混施组迁移的 ME 量均大于单施组;
800×10^{-6} 处理时,单施组迁移的 ME 远大于混施组。可以得出在施加
0～400×10^{-6} ME 范围内,N 肥的施加能促进小麦对 ME 的吸收迁移。

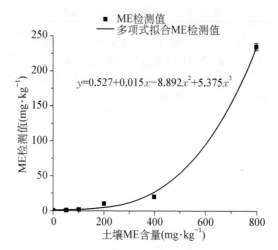

图 6-7 单施 ME 处理组小麦 ME 实测值

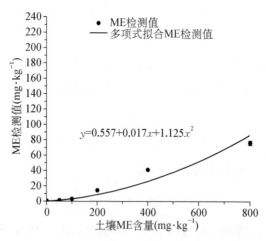

图 6-8 混施 ME-N 处理组小麦 ME 实测值

6.2.4.3　外源催化剂对青菜吸收三聚氰胺的影响

图6-9所示为土壤中施加100 mg/kg浓度的三聚氰胺时,再分别掺入催化剂A,B后种植的青菜中三聚氰胺的含量。由图6-9可见,掺有催化剂A,B的青菜中三聚氰胺的含量显著低于未掺加催化剂的青菜。表明催化剂A,B可以减少植物对三聚氰胺的吸收。

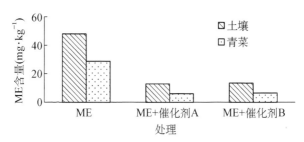

图6-9　不同处理青菜中三聚氰胺含量

6.3　小结

(1) 土壤中三聚氰胺降解速率随着土壤中三聚氰胺浓度的增加而变慢,20 d以后,降解曲线平缓,速度缓慢,残留时间延长,其降解动态符合Logistic方程。并随着土壤中三聚氰胺添加浓度的升高,蔬菜对三聚氰胺的吸收量增加。

(2) 青菜可以吸收土壤中三聚氰胺,当土壤中含有20,50 mg/kg和100 mg/kg三聚氰胺时,青菜生长50 d后,根部的吸收量分别为8.90,12.02 mg/kg和30.13 mg/kg;茎叶部的吸收量分别为5.90,10.80 mg/kg和27.63 mg/kg。表现为青菜根部对三聚氰胺的吸收高于茎叶,土壤中三聚氰胺浓度越高,青菜对其的吸收量越大。

(3) 马铃薯对土壤中三聚氰胺的吸收量远远高于青菜。土壤中含有50 mg/kg和100 mg/kg三聚氰胺时,马铃薯的吸收量比青菜分别高 52.6 mg/kg 和 75.1 mg/kg。

（4）土壤含有 50～800 mg/kg 三聚氰胺时，对青菜株高的抑制率达 54.3％～95.2％，对株数的抑制率为 10％～90％。表现为土壤中三聚氰胺对青菜生长具有明显的抑制效应。

（5）当土壤中三聚氰胺含量为 0～200 mg/kg 时，施加氮肥对小麦吸收三聚氰胺的含量影响不显著，当土壤中三聚氰胺含量高于 400 mg/kg 时，施加氮肥可显著抑制小麦对三聚氰胺的吸收。

（6）催化剂 A，B 可以减少植物对三聚氰胺的吸收。

第七章
化肥中微量阴离子的测定方法研究

化肥是极其重要的农业生产资料,也是保障国家粮食安全的重要物质基础。有资料报道,67％的化肥用在粮食作物上,接近50％的粮食产量来自于施用化肥的增收。化肥对于我国在世界上只占9％耕地养活21％的人口,有着极大的贡献[111]。随着全球对食品的安全高度重视,目前化肥在我国的重要程度已越来越高了。中国是世界上最大的化肥生产和消费国,同时也是化肥进出口贸易大国。

化肥的品种很多。有氮肥、磷肥、钾肥,复合肥、复混肥、有机-无机肥、生物肥,等等。一方面农田施用的各种化肥不可能全部被植物吸收利用,各种作物对肥料的平均利用率,据报道:氮40％～50％,磷10％～20％,钾30％～40％,因此大量残留的化肥进入环境会造成污染;另一方面,化肥中有毒有害物质对农作物、植物,对土壤环境、地表水系统,乃至对大气均会产生不同程度的副作用影响。化肥中超限量的有害物质不仅可导致农作物减产或绝收,还会转移到食物链的食品中危害人们健康,也会严重污染我们生存的地表土壤和水质环境[112]。

化肥中的氟、氯、溴、碘离子,亚硝酸根,硫氰根等阴离子存在对农作物的影响也有不少报道。如长期使用硫酸法制得的磷肥会增加土壤中氟污染的程度[113]；氯离子过量会导致土壤结快、农作物秧苗烧死等；氮肥中的亚硝酸根能转移至蔬菜等农作物上，硝酸根反硝化后会渗透至地下水，亚硝酸根是确认的致癌物质；用煤气和炼焦厂的副产品制造的硫酸铵肥中含有硫氰根离子[114]，过量的硫氰根对农作物的根和芽会造成极大伤害。同时，这些离子对土壤的和环境背景产生的副效应往往也不容忽视。我国化肥行业相关的标准中以化肥产品的标准较多，而涉及的有关化肥中某些限定的微量的有害元素或物质检测标准严重缺乏，现有的也大多采用的方法单一、并偏向于较落后的化学法。因此，建立先进的有关上述几种阴离子的检测方法标准是对现有的国标方法体系的重要补充，也对提高我国国标方法技术先进性有帮助作用。特别是更深层次的农业土壤/水质环境安全和农作物的化肥使用安全监测，标准制订将起到极大的帮助作用。

化肥中三聚氰胺测定与样品背景基体存在很大关系，前几章系统研究了肥料中三聚氰胺的检测方法以及三聚氰胺在肥料土壤的迁移机理，但化肥中存在的阴离子与三聚氰胺检测往往对化肥的危害因子控制都很重要。目前，在化肥中检测的微量阴离子种类很少，且现行的检测手段较单一，同时准确测定化肥中上述这些微量阴离子方法几乎未见有报道，更没有相关的国内外标准。为此，我们在中国石油和化工协会、全国肥料和土壤调理剂标准化委员会的指导下，研究了《化肥中微量氟、氯、溴、碘离子，亚硝酸根，硫氰根等阴离子测定方法—离子色谱法》国家标准。这将对肥料中危害因子的综合控制，深入了解肥料土壤中三聚氰胺迁移风险的检测分析将有极大的帮助作用。

化肥中无论是否存在三聚氰胺，此时了解肥料中阴离子的存在状况很有必要。因此，研究并建立化肥中阴离子的标准检测方法，对化肥生产企业相关的质量监督，检测机构、检验检疫机构等对肥料市场的化肥产品中上述离子的检测或进出口化肥的合格评定要求,都将有极大的帮助作用,意义重大。

7.1　国内外方法概述

随着化肥工业的发展,我国化肥标准化工作也取得了很大的进展,化肥标准体系逐步完善,通过化肥标准的制定实施,促进了化肥产品质量的稳定提高。化肥中主要产品目前均为强制性标准。

农业部于 2001 年 4 月在全国启动了"无公害食品行动计划",目的是抓好"菜篮子"产品和进出口农产品的质量安全。按照国标"农产品安全质量无公害蔬菜安全要求"(GB 18406.1—2001)[115]和"农产品安全质量无公害水果安全要求"(GB 18406.2—2001)[116],对肥料中重金属和有害元素做了限量规定,对亚硝酸盐和硝酸盐也有限量要求。蔬菜、水果中的硝酸盐积累受多种因素的影响,其 GB 19338—2003 规定[117]蔬菜类硝酸盐限量(以 NO_3^- 计)/(mg/kg·鲜重):茄果类、瓜类、豆类≤440;茎类≤1 200;根菜类≤2 500;叶菜类≤3 000。GB 15198—1994 食品中亚硝酸盐限量卫生标准[118](以 $NaNO_3$ 计)/(mg/kg):粮食(大米、面粉、玉米)为 3 mg/kg;蔬菜为 4 mg/kg。其相应的测定方法标准分别为 GB/T 5009.33—2003《食品中亚硝酸盐与硝酸盐的测定》[119]、GB/T 15401—1994《水果、蔬菜及其制品-亚硝酸盐和硝酸盐含量的测定》[120]和 GB/T 5413.32—1997《乳粉　硝酸盐、亚硝酸盐的测定》[121]。但是,目前我国没有相关在肥料——化肥中微量无机阴离子检测方面的标准。

国家相关肥料标准规定,化肥中氯离子含量大于 3% 时必须标明标识[122]。氯离子超标会直接威胁到种子的发芽及幼苗生长。如烟草、马铃薯、甘薯、甘蔗等农作物,使用了这样高氯含量的肥料,将会严重影响农作物生长。目前,国际上化肥中氯离子检验均采用硝酸银滴定法,我国进出口化肥氯离子检验采用 SN/T 0736.9—1999 方法,亦是硝酸银滴定法[123]。SN/T 0736.9 标准方法[124]主要针对样品中的氯含量较高时使用,且手工操作程序繁琐,终点判断不明显,花费时间较长。其他如 F^-,Br^-,SCN^- 等离子,文献也有报道[125~129]。肥料中微量氟的测定方法,主要有蒸馏-分光光度法和离子选择电极法[130, 131]。蒸馏-分光光度法,操作繁琐费时,对试验条件要求苛刻,重现性较差;选择电极法受基体干扰离子、pH 值和人为因素的限制较多,其精确度难以令人满意。化肥中硫氰根的检测方法,如硫氰根选择电极法、荧光法、比色光度法等[132~134]。化肥中亚硝酸根的分析方法主要有电化学分析法[135]、分光光度法[136]、分子荧光法[137]、色谱法[138]。溴离子的测定方法[139~141]有电位滴定法、原子吸收法、分光光度法和离子选择电极法和 X 射线荧光光谱法。碘离子的测定方法有:容量法、分光光度法、色谱法、电化学法、ICP - AES 和 ICP - MS[18],等等[141~144]。这些方法大多预处理复杂,都是单一组分的检测。要么分析检测的灵敏度不够高,抗干扰能力弱,要么有些方法使用的仪器不够普及,成本高。

离子色谱法是 20 世纪 70 年代中期发展起来的一项新的液相色谱技术[145],作为一种新型的色谱分析方法,可以同时测定样品中微量的氟、氯、溴、碘离子,亚硝酸根,硫氰根等,方法操作简单、准确、快速。我国已有 GB/T 14642—1993《工业循环冷却水及锅炉水中氟、氯、磷酸根,亚硝酸根,硝酸根和硫酸根的测定——离子色谱法》[146]、GB/T 116.7—1997《电子级水中痕量氯离子、硝酸根离子、磷酸根离子、硫酸根离子的离子色谱测试方法》[125]两项离子色谱法同时测定多种阴离子的国家标准发布。目前我国未有现行的国标和相关行业标准。

7.2 氢氧根梯度淋洗分析条件的选择和优化

7.2.1 试验安排

方法制定的工作主要包括:(1)研究各种化肥中主含量阴离子对其他微量无机阴离子的干扰及消除。(2)研究确定样品的净化步骤。无机化肥成分简单,但少量含有色素;有机-无机混合肥成分相对复杂,大致分为蛋白质、小分子有机物、色素等。其中蛋白质、小分子有机物、色素会污染色谱柱,缩短色谱柱的使用寿命,在分析之前必须采用有效的净化手段去除这些物质[147]。(3)研究确定分辨率好、灵敏度高、再现性好、准确可靠的离子色谱分析条件。(4)确定方法的最低检出浓度、标准曲线线性范围等方法技术指标。(5)方法的加标回收率和精密度,验证对比。(6)总结讨论,编写草案,撰写报告和实验方法数据数理统计分析。制订测定方法标准稿。

7.2.2 离子色谱分析条件研究

7.2.2.1 分析柱子的选择

通过比较分析阴离子交换色谱柱,发现 DIONEX IonPac® AS11 - HC 和 IonPac®AS18 高容量色谱柱具有相对较好的分离效果,均能有效分离 F^-,Cl^-,NO_2^-,Br^- 等离子。AS11 型的柱子具有较易洗脱 I^-,SCN^- 的效果。考虑到样品中种可能存在的硝酸根等对溴离子测定干扰以及含量较高的氯离子对亚硝酸根也有重叠等干扰,无法实现基线分离。即便用 AS11 型还是 AS18 型,均不能简单地分离分析 I^-,SCN^- 等易极化离子。但通过梯度淋洗可以使分离时间大大提前。因而,根据实际条件,我们选择 AS18 型柱为方法推荐柱。AS18 是高柱容量(285 ueq/col.),可以以氢氧化钾进行等度或梯度淋洗,能非常方便地测定复杂基体样品中低浓度级别的无机阴离子。AS18 柱主要用于分析饮用水、地表水、废水和其他复杂样品基体中的常见无机阴离子,包括 F^-,Cl^-,NO_2^-,Br^-,NO_3^-,SO_4^{2-},PO_4^{3-}。能在 pH 0~14 的条件下很好分离。AS18 分析柱符合或优于 EPA Methods 300.0 和300.1的要求,与氢氧化钾淋洗液在线发生器结合使用,只加水,极大减少了碳酸根带来的不利影响。同时配套 AG18 起保护作用,并使用 ASRS 300 型抑制器可有效降低背景电导和提高分析物测定的信号,使检测限降低[148]。

7.2.2.2 抑制器电流问题

ASRS 300 抑制器是一种自动再生连续工作的抑制器,使用自循环电抑制再生模式,基线噪声在 1.5 μs 左右。在方法的选定中曾经将流速定为 1.2 mL/min,使得抑制器电流长期维持在208 mA,并且柱压高达 18.6 MPa,是较为苛刻的检测条件,使得抑制器的稳定性受到了很大的影响,在进行走梯度淋洗的过程中多次出现基线不稳和鬼峰,对抑制器寿命有严重的影响,因此将流速改为 1.0 mL/min,抑制器电流为 175 mA,压力为 14.5 MPa,均在仪器承受范围内,也得到了满意的峰型和分析时间。

7.2.2.3 流速的选择

流速会影响各离子的出峰时间、分离度和灵敏度。流速增加可以缩短分离时间,出峰提前,缩短分析时间。但流速过大,则会造成基线不稳,引起方法灵敏度降低,且系统的压力增大。为确定合适的流速,考虑到分析柱使用时间较长,系统的压力较大,测定不同流速混合标准溶液各离子的保留时间、分离度。

我们在相同的淋洗条件下对流速进行改变,对六种待测离子的混合液进样,以观察流速对各离子出峰时间,分离度等造成的变化,见表 7-1。设定的流速分别为 1.5, 1.2, 1.0, 0.8 mL/min,

表7-1　淋洗液流速对分析离子出峰时间影响

流速 （mL/min）	F^-（min）	Cl^-（min）	NO_2^-（min）	Br^-（min）
1.5	2.290	3.900	4.940	7.350
1.2	2.837	4.837	6.137	9.140
1.0	3.307	5.603	7.067	10.523
0.8	4.233	7.207	9.140	13.617

I^-（min）	SCN^-（min）	F^-，Cl^- 间隔（min）	Cl^-，NO_2^- 间隔（min）	NO_2^-，Br^- 间隔（min）
25.757	38.300	1.610	1.040	2.410
28.617	43.410	2.000	1.300	3.003
29.970	44.867	2.296	1.464	3.456
34.610	56.413	2.974	1.933	4.477

柱压分别为 22.1，18.4，15.4，13.0 MPa，考虑到柱压以及出峰时间分离度好，峰型对称等原因，选择 1.0 mL/min 可满足测定要求。

7.2.2.4　梯度条件的选择

待测离子 F^-，Cl^-，NO_2^-，Br^-，I^-，SCN^- 中，由于 I^-，SCN^- 有很强的极性，属于强保留离子，而 F^-，Cl^-，NO_2^- 易于洗脱的弱保留离子。选择 AS18 分析柱子，并用梯度淋洗的方法，进行系列实验。

分别用 8，10，15，20 mmol/L 为起始浓度，观察四种离子的出峰时间及分离度，见表7-2。由于这四种离子出峰较靠近。由表7-2可以看到，随着淋洗液浓度的降低，各离子出峰时间滞后，间距变大，更易将干扰的杂峰分离。但考虑到样品中往往存在大量的 Cl^- 对 NO_2^- 存在的干扰，我们选用 8 mmol/L 的其始浓度进行淋洗。

表 7-2　其始淋洗液浓度对出峰的影响

浓度 (mmol·L^{-1})	F$^-$ (min)	Cl$^-$ (min)	NO$_2^-$ (min)	Br$^-$ (min)	F$^-$, Cl$^-$ 间隔(min)	Cl$^-$, NO$_2^-$ 间隔(min)	NO$_2^-$, Br$^-$ 间隔(min)
20	3.067	4.687	5.743	8.173	1.62	1.056	2.43
15	3.150	4.767	5.820	8.253	1.617	1.053	2.433
10	3.407	5.820	7.387	10.993	2.413	1.567	3.606
8	3.490	6.350	8.180	12.493	2.86	1.83	4.313

SCN$^-$是分离分析时间决定性的组分。由于 ICS1000 只能走一步梯度,因此我们只有考虑一步梯度后的浓度,根据文献,我们分别选择 55, 60, 70, 75 mmol/L 对同一浓度的 SCN$^-$进行分析。从最后一个出峰的离子 SCN$^-$的出峰时间,以及峰型的对称性上考虑,我们选择了 70 mmol/L 为梯度浓度。对称系数接近 1,对称性好。见表 7-3。

表 7-3　不同浓度对 SCN$^-$的出峰对称系数变化

浓度(mmol·L^{-1})	对称系数	浓度(mmol·L^{-1})	对称系数
55	1.80	70	1.3
60	1.51	75	1.28

由于使用的是 RFC30 自动淋洗装置,存在梯度变化时间问题及由 8 mmol/L 变为 70 mmol/L 所需时间,淋洗液浓度增大使背景值增大,存在一个平衡时间的问题,及抑制器的缓冲问题。改变时间间隔设定为 0.1, 2, 5, 10, 15 min 发现随着间隔的时间增长,平衡前所造成的梯度峰变缓。结合后续干扰离子和梯度变化时间的实验结果我们选择了梯度变化间隔时间为 2 min。

7.2.3　化肥中的共存离子干扰和净化

在化肥中,不同种类的化肥,有不同的高浓度的阴离子存在,如氯化钾、硫酸钾、硝酸钾等。对待测微量组分产生不同程度的干扰。我们分别将待测讨论可能存在的干扰离子对相应被干扰的待测离子的影响。

7.2.3.1 NO_3^- 的干扰

NO_3^- 的出峰时间与 Br^- 相近,需要考虑 NO_3^- 在 Br^- 浓度分别为 500,750,1 000 倍的情况下对 Br^- 检测的干扰。设计实验:Br^- 的浓度设定为 1 mg/L,则 NO_3^- 的浓度分别为 500,750,1 000 mg/L,将三组混合溶液分析 NO_3^- 对 Br^- 测定的干扰。实验结果见表 7-4 和图 7-1。发现当 NO_3^- 浓度增高时,Br^- 的出峰时间都有相应的提前,当 NO_3^- 浓度至 1 000 mg/L 时,Br^- 定性受到严重干扰。因此从定性和 Br^- 的定量来看,1 mg/L 的 Br^- 可以在 750 倍 NO_3^- 存在的情况下准确测定不受干扰(见图 7-2)。

表 7-4　NO_3^- 对 Br^- 的干扰

NO_3^- 浓度 ($mg \cdot L^{-1}$)	Br^- 出峰时间 (min)	Br^- 提前时间(min)	Br^- 测定浓度 ($mg \cdot L^{-1}$)
500	12.21	0.273	0.985 4
750	12.063	0.420(定性辨别基本可行)	1.001 0
1 000	11.917	0.567(定性辨别困难)	0.976 1

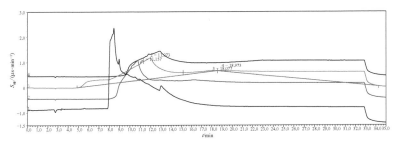

图 7-1　各时间梯度改变时间间隔

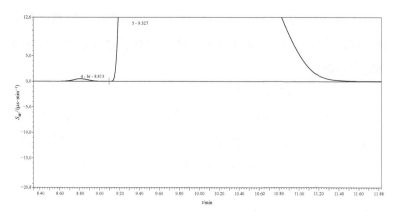

图 7 - 2　750 mg/kg NO₃⁻ 和 1 ppm Br⁻ 出峰图

7.2.3.2　PO_4^{3-}，SO_4^{2-} 的干扰和净化

PO_4^{3-}，SO_4^{2-} 在选定的方法中都是在梯度开始后出峰，且出峰时间与 I⁻ 间隔较大（达到 4 min），不对其产生干扰。但是部分化肥中存在大量的 PO_4^{3-}，SO_4^{2-}，当浓度过高时，会超过 AS18 的柱容量，产生平峰，对柱子的寿命不利，见图 7 - 3。因此，对于含有大量硫酸根、磷酸根的化肥样品，在前处理中应当尽量去除两种离子，使其不对 AS18 柱容量和柱效产生影响。我们选用 Ba 柱加以去除，考虑到待测离子可能与 Ba 柱反应，以及与硫酸钡、磷酸钡生

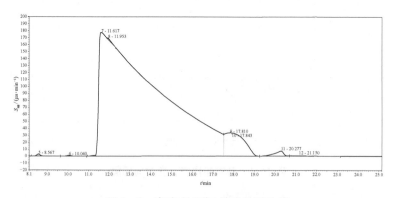

图 7 - 3　高浓度 SO_4^{2-} 造成的平头峰

成共沉淀吸附。设计以下实验配置溶液 A 和有大量干扰离子 PO_4^{3-}，SO_4^{2-} 的溶液 B：

A：0.5 mg/L F^-，1 mg/L Cl^-，1 mg/L NO_2^-，2 mg/L Br^-，2 mg/L I^-。

B：0.5 mg/L F^-，1 mg/L Cl^-，1 mg/L NO_2^-，2 mg/L Br^-，2 mg/L I^-，100 mg/L PO_4^{3-}，300 mg/L SO_4^{2-}。

分别单独进样，以及按操作说明过活化后的 Ba 柱后进样。可见不论有无 PO_4^{3-}，SO_4^{2-} 存在，Ba 柱对各待测离子几乎不产生影响，且对 PO_4^{3-}，SO_4^{2-} 有很好的去除效果，对 SO_4^{2-} 的去除高达 96% 以上，对 PO_4^{3-} 去除也接近 70%。详细见表 7-5、图 7-4。

表 7-5　各离子出峰面积($\mu s \cdot min^{-1}$)及回收率计算

溶液，回收率	$S_{峰}/(\mu s \cdot min^{-1})$						
	F^-	Cl^-	NO_2^-	Br^-	I^-	SO_4^{2-}	PO_4^{3-}
A	0.190	0.268	0.155	0.180	0.110	0	0
A+Ba	0.184	0.258	0.156	0.181	0.100	0	0
B	0.188	0.229	0.157	0.177	0.103	50.603	8.040
B+Ba	0.180	0.233	0.156	0.179	0.101	1.958	2.658
A回收率(%)	96.8	96.2	100	100	91	—	—
B回收率(%)	95.7	101	100	101	98	3.8	32.5

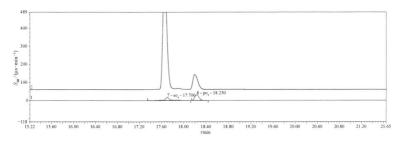

图 7-4　通过 Ba 柱前后的硫酸根，磷酸根的离子图谱

7.2.3.3 大量 Cl^- 的存在的干扰问题

Cl^- 的出峰时间与 F，NO_2^- 相近，需要考虑 Cl^- 是 F 或 NO_2^- 浓度倍数为 2 000，4 000 倍的情况下对 F，NO_2^- 检测的干扰。F$^-$，NO_2^- 的浓度设定为 0.1 mg/L，则 Cl^- 的浓度分别为 200，400，600 mg/L(分别对应的 Cl^- 含量分别为 10%，20%，30%)，Cl^- 在 6 000 倍时对 F$^-$ 的测定就产生干扰了，在 4 000 倍时对 NO_2^- 的测定不产生干扰且有很好的分离度(>1.5)。可以准确测量，见表 7-6。

表 7-6 大量 Cl^- 的存在下对相近离子峰干扰

倍数 Cl	F$^-$ 回收率(%)	NO_2^- 回收率(%)	F$^-$ 和 Cl$^-$ 分离度	NO_2^- 和 Cl$^-$ 分离度
2 000 倍 Cl	94.2	98.0	11.84	5.59
4 000 倍 Cl	92.99	99.7	1.91	4.03

7.2.4 方法的线性关系

配制 5 点不同浓度混合标准溶液，绘制工作曲线：F$^-$ 为0.0，0.10，1.00，5.00，20.00 μg/mL；NO_2^- 为 0.0，0.10，1.00，5.00，10.00 μg/mL；Cl^- 为 0，0.10，1.00，10.00，50.00 μg/mL；Br$^-$ 和 I$^-$ 为 0.0，0.20，1.00，5.00，10.00 μg/mL；SCN$^-$ 为 0.0，0.50，1.00，5.00，10.00 μg/mL 的标准溶液，在本法所确定的试验条件下进样，测定其峰面积，以浓度 $x(\mu g/mL)$ 为横坐标，峰面积 y(μs·min^{-1})为纵坐标，绘制标准曲线。在相应的质量浓度范围内，各离子质量浓度与相应的峰面积呈良好的线性关系，其线性方程和相关系数见表 7-7。

表 7 - 7　线性方程、相关系数

阴离子	线性方程	浓度范围($\mu g \cdot mL^{-1}$)	相关系数
F^-	$y = 0.045x + 0.041$	$0.1 \sim 20.00$	0.999 8
Cl^-	$y = 0.318x - 0.005$	$0.1 \sim 50.00$	1.000 0
NO_2^-	$y = 0.236x - 0.005$	$0.1 \sim 10.00$	0.999 9
Br^-	$y = 0.139x - 0.008$	$0.2 \sim 10.00$	0.999 7
I^-	$y = 0.086x - 0.005$	$0.2 \sim 10.00$	0.999 7
SCN^-	$y = 0.185x - 0.010$	$0.5 \sim 10.00$	0.999 7

实际上,我们对氯离子的测定进行多次实验,氯离子的线性范围还可以扩大至 500 mg/L。如单独测定肥料中的氯,此标准方法可分析出肥料中氯含量20%。各离子的标准色谱图见图 7 - 5。

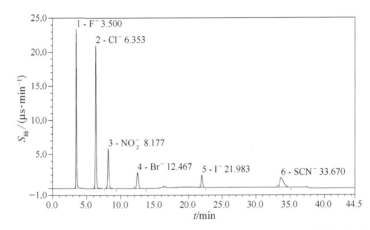

1—氟离子(3.500　min);2—氯离子(6.353　min);3—亚硝酸根离子(8.177 min);4—溴离子(12.467 min);5—碘离子(21.983 min);6—硫氰根离子(33.670 min)。

图 7 - 5　氟离子、氯离子、亚硝酸根离子、溴离子、碘离子和硫氰根离子在 Dionex IonPac®AS18 柱上的标准图谱

7.2.5　方法的检测限

对于能够显示基线噪声的分析方法,常常以信噪比(S/N)

3～5 倍来确定仪器的检测限,再得出方法的最低检出限。根据接近估算最低检出浓度的标准溶液测出的信号与噪声信号进行比较再进行相应的换算,一般以信噪比为 3～5 倍相对应的浓度为最低检出浓度。分别配置三组低浓度的标准溶液其中:F^-,Cl^- 和 NO_2^- 为 0,0.1,1 mg/L; Br^- 和 I^- 为 0,0.2,1 mg/L; SCN^- 为 0,0.1,1 mg/L,将三点回归方程,计算得出各离子的检出限。F^-,Cl^-,NO_2^-,Br^-,I^-,SCN^- 各离子仪器检出限分别为 0.001 2,0.003 1,0.003 0,0.011 6,0.013 5,0.013 5 mg/L,其方法检测限(检出限)一般是仪器检测限 5～10 倍为宜。

7.2.6 方法的精密度及回收率

7.2.6.1 精密度

为了确定本方法的精密度和稳定性,取同一种有机-无机复混肥样品 6 份,按要求加入标准进行测定。结果见表 7-8,氟离子 $RSD\%$ 为 6.5 大外,其他各离子 $RSD\%$ 均小于 3.5。精密度能满足日常分析的要求,符合 GB 误差规定。

表 7-8 方法的精密度($n = 6$)

序号	$C_i/(\text{mg} \cdot \text{L}^{-1})$					
	F^-	Cl^-	NO_2^-	Br^-	I^-	SCN^-
1	2.142 5	33.823 3	0.498 8	0.526 7	0.518 9	1.004 4
2	1.958 6	34.107 9	0.506 6	0.539 4	0.515 2	0.944 9
3	1.937 9	34.413 7	0.534 1	0.547 9	0.504	0.951 5
4	2.188 6	34.229 5	0.535 1	0.543 3	0.510 9	0.947 6
5	2.295 3	34.008 4	0.528 4	0.544 3	0.502 9	0.943 5
6	2.119 6	33.971 8	0.532 9	0.536 5	0.511 7	0.940 4
$RSD/\%$	6.51	0.61	3.02	1.39	1.22	2.54

7.2.6.2　化肥样品加标回收率

为了验证方法的准确性,我们分别取有机无机复混肥料,复合肥料(国产,进口)分别加入高低两浓度水平的标准,进行回收实验。结果如下表 7-9、表 7-10、表 7-11。除部分氟离子回收率稍偏低(78%~93%)外,其他离子的回收率在 90%~102% 之间。

表 7-9　无机有机复合肥

样品	离子	$C_i/(mg \cdot L^{-1})$			回收率(%)
		本底值	加入量	测定值	
加低浓度	F^-	1.396 4	0.5	1.850 3	90.78
	Cl^-	24.185 4	10	33.823 3	96.379
	NO_2^-	0.047	0.5	0.505 6	91.72
	Br^-	0.077 5	0.5	0.527 5	90
	I^-	0	0.5	0.510 0	102
	SCN^-	0	1	1.004 4	100.44
加高浓度	F^-	1.396 4	5	5.41	80.272
	Cl^-	24.185 4	20	44.455 8	101.352
	NO_2^-	0.047	5	4.902 3	96.892
	Br^-	0.077 5	5	5.011 3	98.676
	I^-	0	5	4.970 7	99.414
	SCN^-	0	5	4.9672	99.344

表 7-10　进口复合肥料

样品	离子	$C_i/(mg \cdot L^{-1})$			回收率(%)
		本底值	加入量	测定值	
加低浓度	F^-	10.519 5	5	15.105 6	91.716
	Cl^-	6.246 8	5	11.006	95.784
	NO_2^-	0.046 9	0.5	0.495 3	90.68
	Br^-	0.064 8	0.5	0.521 4	91.32
	I^-	0	0.5	0.494 8	98.96
	SCN^-	0	1	1.028 9	102.89

续　表

| 样品 | 离子 | $C_i/(\mathrm{mg \cdot L^{-1}})$ | | | 回收率（%） |
		本底值	加入量	测定值	
加高浓度	F^-	10.604 7	10	18.409	78.043
	Cl^-	6.246 8	20	26.548 9	101.510 5
	NO_2^-	0.040 6	5	4.951 2	98.212
	Br^-	0.077 5	5	5.011 3	98.676
	I^-	0	5	4.967 2	98.048
	SCN^-	0	5	4.938 1	98.762

表 7-11　国产复合肥料

| 样品 | 离子 | $C_i/(\mathrm{mg \cdot L^{-1}})$ | | | 回收率（%） |
		本底值	加入量	测定值	
加低浓度	F^-	12.858 9	0.5	13.325	93.22
	Cl^-	4.011 4	2	5.948 2	96.84
	NO_2^-	0.044 8	0.5	0.503 1	91.66
	Br^-	0.206 2	0.5	0.671 3	93.02
	I^-	0.063	0.5	0.517 9	91
	SCN^-	0	1	0.987 5	98.75
加高浓度	F^-	12.858 9	5	17.286 3	88.548
	Cl^-	4.011 4	20	24.368 3	101.784 5
	NO_2^-	0.044 8	5	5.065 5	100.414
	Br^-	0.206 2	5	5.172 9	99.334
	I^-	0.063	5	5.026 6	99.727
	SCN^-	0	5	4.996 5	99.93

7.2.7　方法的验证及再现性比较

选取代表性几种肥料样品，由不同人员分别进行上述 6 种阴离子的测试。结果见表 7-12 和表 7-13。结果表明，该方法不同人员的分析对照结果误差小，对于 0.1 mg/L 含量以下离子测定

$RSD\%$也都小于 21%，再现性好，令人满意。所有测定离子的高低两浓度水平的加标回收率在 $80\% \sim 104\%$ 之间，分析准确。

表 7 - 12　不同分析人员的验证比较

序号		$C_i/(mg \cdot L^{-1})$					
		F^-	Cl^-	NO_2^-	Br^-	I^-	SCN^-
有机-无机复混肥	人员 A	1.4	24.2	0.058	0.078	—(未检出)	—
	人员 B	1.1	24.5	0.050	0.079	—	—
	人员 C	1.5	24.1	0.070	0.077	—	—
$RSD(\%)$		15	0.9	16	1.3	—	—
进口复合肥	人员 A	10.4	6.3	0.041	0.065	—	—
	人员 B	10.4	6.0	0.030	0.062	—	—
	人员 C	10.3	6.3	0.047	0.074	—	—
$RSD(\%)$		0.6	2.8	21	9.3	—	—

表 7 - 13　不同分析人员的验证回收率

回收率 (%)	$C_i/(mg \cdot L^{-1})$					
	F^-	Cl^-	NO_2^-	Br^-	I^-	SCN^-
人员 A	91(0.5)	96(10)	88(0.5)	90(0.5)	104(0.5)	100(1)
	88(5)	99(20)	97(5)	99(5)	103(5)	103(5)
人员 B	81(0.5)	94(10)	92(0.5)	93(0.5)	98(0.5)	94(0.5)
	88(5)	108(20)	90(5)	89(5)	99(5)	93(5)
人员 C	83(0.5)	98(10)	101(0.5)	100(0.5)	98(0.5)	97(0.5)
	81(5)	102(20)	98(5)	98(5)	101(5)	100(5)

注：括号内为加入的标准量(mg/L)。

7.2.8 实际样品测定

采用本方法对市场上的多种类型的化肥进行检测,得到如下结果,见表 7-14。

表 7-14 实际化肥样品测定

化肥品种	产地	$C_i/(mg \cdot L^{-1})$					
		F^-	Cl^-	NO_2^-	Br^-	I^-	SCN^-
复混肥料	安徽	6.41	830.65	0.044 4	0.097 1	未检出	未检出
复混肥料	福建	1.67	293.93	0.031 6	1.02	0.061 5	未检出
有机无机复混肥料	江苏	1.40	24.18	0.057 7	0.077 5	未检出	未检出
掺混肥料	江苏	7.921	183.05	0.059 4	0.489 2	未检出	未检出
复合肥料	安徽	12.62	3.99	0.044 8	0.206 2	0.063	未检出
复合肥料	山西	7.01	268.98	0.027 4	0.061 5	0.074 5	未检出
钙镁磷肥	云南	0.682 8	0.124 4	0.064 8	0.474 2	未检出	未检出
过磷酸钙	四川	0.813 2	0.44	0.039 5	未检出	未检出	未检出
复合肥料 S	比利时	10.41	6.24	0.040 6	0.064 8	未检出	未检出
复合肥料 B	比利时	6.72	7.06	0.054 3	0.07	0.068 8	未检出

由表 7-14 的结果可知,实际肥料样品中氟、氯、溴、碘和亚硝酸根均有不同程度的含量存在。

7.2.9 碳酸根等度淋洗分析方法比较

为了验证氢氧根梯度淋洗体系方法与碳酸根等度淋洗方法结果一致情况,我们对同样标准溶液和几种化肥样品进行上述 6 种阴离子测定,结果如表 7-15 所示。

表 7 - 15　　两种淋洗方法测定比较

测定方法	$C_i/(\text{mg} \cdot \text{L}^{-1})$					
	F^-	Cl^-	NO_2^-	Br^-	I^-	SCN^-
碳酸根等度淋洗测定方法 B（标液）	20	50	20	10	10	20
氢氧根梯度淋洗测定方法 A（标液）	19.5	49.3	19.7	9.5	9.0	18.0
样品 1(方法 A)	8.2	905.3	0.085	0.135	0	0
样品 1a(方法 A)	8.2	901	0	0.097	0.071	0
样品 1(方法 B)	7.272	1 162	未检出	0.13	未检出	未检出
样品 1a(方法 B)	7.445	1 250	未检出	0.167	未检出	未检出
样品 2(方法 A)	3.2	337.6	0	1.047	0	0
样品 2a(方法 A)	3.1	321		1.2	0.03	0
样品 2(方法 B)	4.071	517.668	未检出	1.267	未检出	未检出
样品 2a(方法 B)	3.786	498.424	未检出	1.218	未检出	未检出
样品 3(方法 A)	10.6	197.4	0.14	0.48	0	0
样品 3(方法 B)	10.537	205.531	未检出	0.535	未检出	未检出
样品 3a(方法 B)	10.742	209.928	未检出	0.555	未检出	未检出

从表 7 - 15 结果看,两者分析误差不大,结果能令人满意。对于标准溶液,结果互容度非常满意。样品分析结果显示,对于小于 200 μg/mL 的氯离子测定,误差几近小于 2%。其他离子测定误差,两种方法都符合微量分析误差 10% 以下要求。

碳酸根等度条件如下：

阴离子淋洗液:5.0 mmol/L Na$_2$CO$_3$＋2.0 mmol/L NaHCO$_3$＋4%丙酮超纯水溶液;超纯水（电阻＞18.2 MΩ）;抑制系统:50 mmol/L H$_2$SO$_4$ 超纯水（电阻＞18 MΩ）;淋洗液需先超声 15 min,以除去其中气泡,再经 0.22 μm 水相过滤膜真空抽滤。

但进一步分析表明,碳酸根淋洗方法的灵敏度要稍低于氢氧根淋洗梯度方法。

7.3 结论

综上所述,根据上述各项指标及重复验证情况,本分析方法可满足化肥中微量水溶无机阴离子:氟离子、氯离子、亚硝酸根离子、溴离子、碘离子和硫氰根离子检测,见图 7-6。本方法简单,容易操作,精密度和回收率均符合 GB 误差规定的要求,能满足实际工作的要求。

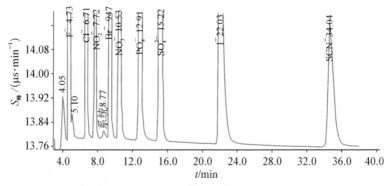

图 7-6 氟离子、氯离子、亚硝酸根离子、溴离子、碘离子和硫氰根离子等度色谱图

所建立的方法规程已经申请国标标准,并业已颁布,详细见附录 2。

附录 1
中华人民共和国出入境检验检疫行业标准

化肥中三聚氰胺含量的测定——高效液相色谱法和离子色谱法

Determination of Melamine in Fertilizer —
High Performance Liquid Chromatography
and Ion Chromatography

前　言

本标准按照 GB/T 1.1—2009 的规定起草。

本标准由国家认证认可监督管理委员会提出并归口。

本标准起草单位:中华人民共和国上海出入境检验检疫局。

本标准主要起草人:孙明星、邱丰、王文青,闵红,屠虹、蔡婧,赵雨薇、张继东。

本标准系首次发布的出入境检验检疫行业标准。

化肥中三聚氰胺含量的测定
高效液相色谱法和离子色谱法

a) 范围

本标准规定了化肥中三聚氰胺含量的两种测定方法,即第一法高效液相色谱法和第二法离子色谱法。其中第一法高效液相色谱法为仲裁方法。

本标准适用于复合肥、复混肥、缓释肥及其他氮磷钾肥料中三聚氰胺含量的测定。其中高效液相色谱法测定含量范围为 $0.5\sim3\,000$ mg/kg,离子色谱法测定含量范围为 $5.0\sim10^5$ mg/kg。

b) 规范性引用文件

下列文件对于本文件的应用是必不可少的。凡是注日期的引用文件,仅所注日期的版本适用于本文件。凡是不注日期的引用文件,其最新版本(包括所有的修改单)适用于本文件。

GB/T 6682 分析实验室用水规格和试验方法。

c) 方法提要

试样经氨水甲醇水溶液提取。提取液振荡、离心后,取上清液氮气吹干,重新溶解定容,采用高效液相色谱进行检测,外标法定量。

试样经三氯乙酸溶液提取,提取液振荡、离心,取上清液经阳离子交换固相萃取柱净化,洗脱液经氮气吹干后溶解定容,注入配有电导检测器的离子色谱仪检测,外标法定量。

第一章 试样中三聚氰胺质量分数含量在 $5.0\sim3\,000$ mg/kg

范围时,高效液相色谱法和离子色谱法都可以用于测定。

d) 试剂和材料

除非另有规定,均使用分析纯试剂,实验用水为 GB/T 6682 规定的一级水。

甲醇:色谱纯。乙腈:色谱纯。庚烷磺酸钠:色谱纯。甲基磺酸:色谱纯。柠檬酸。氨水:含量为 25%~28%。三氯乙酸。三聚氰胺标准品,纯度大于 99.9%,CAS:108-78-1。三氯乙酸溶液(1%):称取 10 g 三氯乙酸(4.2)于 1 L 容量瓶中,用水溶解并定容至刻度,混匀后备用。氨水甲醇水溶液:量取 20 mL 氨水(4.2),70 mL 甲醇(4.1)和 10 mL 纯水,混匀。使用前配置。

液相色谱流动相:称取 2.02 g 庚烷磺酸钠(4.2)和 2.10 g 柠檬酸(4.2)于 1 L 容量瓶中,加入 150 mL 乙腈(4.2),用水溶解并稀释至刻度。

离子色谱淋洗液:称取 0.29 g 甲基磺酸(4.2)于 1 L 容量瓶中,加入 150 mL 乙腈(4.2),用水溶解并稀释至刻度。

标准储备液:称取 1 g(精确到 0.1 mg)三聚氰胺标准品(4.1.2),用纯水溶解定容于 1 L 容量瓶中,配制成浓度为 1 000 mg/L 的标准储备溶液,于 4 ℃冰箱内贮存,有效期 3 个月。

标准中间液:吸取标准储备液(4.1.2)10 mL,于 100 mL 容量瓶内,用纯水定容至 100 mL,该溶液三聚氰胺浓度为 100 mg/L。

高效液相色谱标准工作溶液:用移液管分别移取标准中间液(4.1.4)1.0、5.0、10、25、50 mL 于 5 个 100 mL 容量瓶内,用液相色谱流动相(4.1.1)定容至 100 mL,该溶液三聚氰胺浓度分别为 1.0,5.0,10,25,50 mg/L。于 4 ℃冰箱内贮存,有效期 1 周。

离子色谱标准工作溶液:由三聚氰胺标准中间液(4.1.4)和标准储备溶液(4.1.3)用离子色谱淋洗液(4.1.2)稀释至 0.5,1.0,5.0,10,20,50,100,250 mg/L 一系列浓度的标准工作溶液。

于 4 ℃冰箱内贮存,有效期 1 周。

有机相滤膜:0.45 μm。

阳离子交换固相萃取柱:混合型阳离子交换固相萃取柱,基质为苯磺酸化的聚苯乙烯-二乙烯基苯高聚物,60 mg,3 mL,或相当者。

e) 仪器和设备

高效液相色谱仪:配有紫外检测器。

离子色谱仪:配有数字型电导检测器。

循环往复振荡器:转速不低于 100 r/min。

超声波清洗器,功率≥100 W。

离心机:转速不低于 5 000 r/min。

固相萃取装置。

具塞试管:可与固相萃取装置以及氮吹仪配套使用。

分析天平:感量 0.000 1 g。

氮气吹干仪。

f) 试样制备与保存

取化肥代表性试样约 500 g,充分捣碎过筛,装入样品瓶中,并标明标记,置于干燥器中。

g) 测定步骤

1) 第一法:高效液相色谱法

提取

称取制备好的化肥试样 1 g(精确至 0.01 g),置于 100 mL 锥形瓶中,加入 25 mL 氨水甲醇水溶液(4.1),用循环往复振荡器(5.1.1)以 100 r/min 高速振荡 30 min,然后在离心机(5.1.1)上于 5 000 r/min 离心 5 min。将上清液移入 50 mL 容量瓶中。于残留物中再次加入 25 mL 氨水甲醇水溶液(4.1),重复上述振荡离心操作,将上清液移入上述容量瓶中,用液相色谱流动相(4.1.1)

定容至 50 mL(V_0)。

净化

取 10 mL(V_1)提取液于 70 ℃下氮气吹干,准确加入 5 mL (V_2)液相色谱流动相(4.1.1)充分溶解,过 0.45 μm 有机相滤膜(5.1.1),用高效液相色谱仪测定。

测定

高效液相色谱参考条件

h) 色谱柱:C_{18}柱(5 μm, 250 mm×4.6 mm)或相当者。

i) 流动相:0.01 mol/L 庚烷磺酸钠＋0.01 mol/L 柠檬酸缓冲盐＋15％(体积比)乙腈(4.1.1)。

j) 流速:0.8 mL/min。

k) 进样量:10 μL。

l) 柱温:常温。

m) 波长:240 nm。

定量测定

根据试样中被测物的含量,以保留时间进行定性,选取响应值相近的标准工作液进行分析。以目标化合物的峰面积为纵坐标,浓度为横坐标绘制标准工作曲线,外标法定量。标准工作溶液和样液中待测物的响应值均应在仪器线性响应范围内,如果含量超过标准曲线范围,应用液相色谱流动相(4.1.1)稀释到适当浓度后分析。在上述色谱条件下,三聚氰胺标准溶液的液相色谱图参见附图 1－1。

空白试验

除不加试样外,均按上述操作步骤进行。

结果计算和表述

试样中三聚氰胺的含量按式(A－1)计算,计算结果需扣除空白值。

$$X_i = \frac{C_i \times V_2}{m} \times K。 \qquad (A-1)$$

在式(A-1)中：

X_i——试样中三聚氰胺含量，单位为毫克每千克(mg/kg)；

C_i——从标准曲线上得到的样液中三聚氰胺的浓度，单位为毫克每升(mg/L)；

m——称取的试样质量，单位为克(g)；

V_2——净化后加入液相色谱定容液(4.12)的体积，单位为毫升(mL)；

K——样品前处理过程中的稀释倍数，按式(A-2)计算。

$$K = \frac{V_0}{V_1}。 \qquad (A-2)$$

在式(A-2)中：

V_0——样品提取过程中加入提取液的总体积，单位为毫升(mL)；

V_1——样品净化过程中吸取的提取液的体积，单位为毫升(mL)。

计算结果以两次平行试验结果的算术平均值表示，保留3位有效数字。

定量限

本方法对化肥中三聚氰胺的定量限为0.5 mg/kg。

精密度

重复性

同一操作者用同一仪器在相同的实验条件下对同一个样品进行测定，获得的两个连续测定结果之差，不大于这两个测定值的算术平均值的10％。

再现性

不同操作者，不同实验室对同一样品，按正常的实验方法进行测定,获得的两个连续测定结果之差,不大于这两个测定值的算术平均值的15%。

2) 第二法:离子色谱法

提取

称取制备好的化肥试样1 g(精确至0.01 g),准确加入50 mL(V_3)三氯乙酸溶液(4.2)。超声5 min,用循环往复振荡器(5.1.1)以100 r/min高速振荡30 min,然后在离心机(5.1.1)上于5 000 r/min离心5 min。

净化

依次用3 mL甲醇,3 mL水活化阳离子交换固相萃取柱(4.1),准确移取6 mL(V_4)提取液过柱,控制过柱速度在1 mL/min以内。依次用3 mL水和3 mL甲醇洗涤固相萃取柱,最后用氨水甲醇水溶液(4.1)6 mL洗脱,洗脱液收集于具塞试管(5.1.1)中。将洗脱液置于70 ℃的氮吹仪(5.1.1)中吹干,准确加入5 mL(V_5)离子色谱淋洗液(4.1.2),过0.45 μm有机相滤膜(5.1.1),用离子色谱仪测定。

第二章 准确移取离心液中三聚氰的离心液体积,可以根据三聚氰胺的浓度高低进行调整,必须保证移取的离心液中三聚氰胺的量不超过1 mg。

测定

离子色谱参考条件

n) 色谱柱:分离柱为IonPac R SCSI separator(4 μm×250 mm)或相当者。保护柱为IonPac R SCSI Guard(4 μm×450 mm)或相当者。

o) 淋洗液:3 mmol/L甲基磺酸+15%(体积比)乙腈水溶液(4.1.1)。

p) 流速:0.9 mL/min。

q) 进样量:20 μL。

r) 柱温:30 ℃。

s) 氮气:纯度大于 99.99%。

定量测定

根据试样中被测物的含量,以保留时间进行定性,选取响应值相近的标准工作液进行分析。以目标化合物的峰面积为纵坐标,浓度为横坐标绘制标准工作曲线,外标法定量。标准工作溶液和样液中待测物的响应值均应在仪器线性响应范围内,如果含量超过标准曲线范围,应用离子色谱淋洗液(4.1)稀释到适当浓度后分析。在上述色谱条件下,三聚氰胺标准溶液的离子色谱图参见附图 1 - 2。

空白试验

除不加试样外,均按上述操作步骤进行。

结果计算和表述

试样中三聚氰胺的含量按式(B-1)计算,计算结果需扣除空白值。

$$X_i = \frac{C_i \times V_5}{m} \times K。 \tag{B-1}$$

在式(B-1)中:

X_i——试样中三聚氰胺含量,单位为毫克每千克,(mg/kg);

C_i——从标准曲线上得到的样液中三聚氰胺的浓度,单位为毫克每升(mg/L);

m——称取的试样质量,单位为克(g);

V_5——样品净化后加入离子色谱定容液(4.1.3)的体积,单位为毫升(mL);

K——样品前处理过程中的稀释倍数,按式(B-2)计算。

$$K = \frac{V_3}{V_4}。 \tag{B-2}$$

在式(B-2)中：

V_3——样品提取过程中加入提取液的总体积，单位为毫升(mL)；

V_4——样品净化过程中吸取的提取液的体积，单位为毫升(mL)。

计算结果以两次平行试验结果的算术平均值表示，保留 3 位有效数字。

定量限

本方法对化肥中三聚氰胺的定量限为 5.0 mg/kg。

精密度

重复性

同一操作者用同一仪器在相同的实验条件下对同一个样品进行测定，获得的两个连续测定结果之差，不大于这两个测定值的算术平均值的 10%。

再现性

不同操作者，不同实验室对同一样品，按正常的实验方法进行测定，获得的两个连续测定结果之差，不大于这两个测定值的算术平均值的 15%。

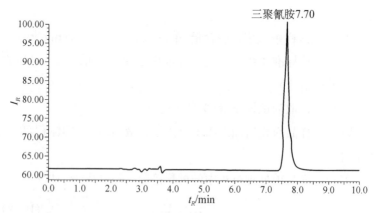

附图 1-1　三聚氰胺标准物质的液相色谱图

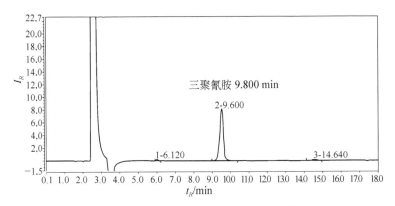

附图 1-2　三聚氰胺标准物质的离子色谱图

附录 2
中华人民共和国国家标准

化肥中微量阴离子的测定　离子色谱法

Determination of Microamount of Inorganic Anions in
Fertilizers by Ion Chromatography

前　　言

本标准由中国石油和化学工业联合会提出。

本标准由全国肥料和土壤调理剂标准化技术委员会(SAC/TC 105)归口。

本标准起草单位:上海出入境检验检疫局、国家化肥质量监督检验中心(上海)、上海师范大学。

本标准主要起草人:孙明星,杨一,屠虹,段路路,闵红,王芳,李宁,吴勋,高运川。

本标准为首次发布。

化肥中微量阴离子的测定　离子色谱法

1　范围

本标准规定了化肥中水溶性氟离子（F^-）、氯离子（Cl^-）、溴离子（Br^-）、碘离子（I^-）、亚硝酸根离子（NO_2^-）、硫氰酸根离子（SCN^-）的测定方法：离子色谱法。

本标准适用于氮肥、磷肥、钾肥、复混肥料（复合肥料）、掺混肥料（BB肥）、有机-无机肥料中的微量水溶性氟离子、氯离子、溴离子、碘离子、亚硝酸根离子、硫氰酸根离子的测定。

2　规范性引用文件

下列文件对于本文件的应用是必不可少的。凡是注日期的引用文件，仅所注日期的版本适用于本文件。凡是不注日期的引用文件，其最新版本（包括所有的修改单）适用于本文件。

GB/T 602 化学试剂　杂质测定用标准溶液的制备

GB/T 8571 复混肥料　实验室样品制备

GB/T 9008—2007 液相色谱法术语　柱色谱法和平面色谱法

GB/T 14642—2009 工业循环冷却水及锅炉水中氟、氯、磷酸根、亚硝酸根、硝酸根和硫酸根的测定　离子色谱法

SN/T 0736.1 进出口化肥检验方法　取样和制样

3　术语与定义

GB/T 9008—2007 和 GB/T 14642—2009 界定下列术语和定义适用于本文件。为了便于使用,以下重复列出了 GB/T 9008—2007 和 GB/T 14642—2009 中的某些术语和定义。

3.1　离子色谱法(ion chromatography)

根据离子性化合物与固定相表面离子性功能基团之间的电荷作用来进行离子性化合物分离和分析的色谱法。是高效液相色谱法的一个分支。

(GB/T 9008—2007 中 3.6.5)

3.2　保护柱(guard column)

放置在进样品和分离柱之间的防护柱。

(GB/T 9008—2007 中 4.8.1)

3.3　分离柱(separator column (separating column))

根据待测离子保留特性,在检测前将被测离子分离的交换柱。

3.4　分析柱(analytical columns)

在保护柱后连接一支或多支分离柱组成一系列用以分离待测离子的分析系统。系列中所有柱子对分析柱的总柱容量均有贡献。

[GB/T 14642—2009 中 3.4]

3.5　抑制器(suppressor device)

安装在分析柱和检测器之间,用来降低淋洗液中离子组分的检测响应,增加被测离子的检测响应,进而提高信噪比的一种专用装置。

[GB/T 14642—2009 中 3.5]

3.6　淋洗液;洗脱剂(eluant)

在柱液相色谱法中用作流动相的液体。

[GB/T 9008—2007 中的 5.6.1]

4　分析原理及流程

用水超声提取试料中的水溶性阴离子,或经离心、C_{18}柱、Ba柱和 0.22 μm 水性滤膜过滤,用离子色谱法测定。

本标准离子色谱流路图如附图 2－1 所示(图中虚线框为可选部件)。样品阀处于装样位置时,一定体积的试样测定溶液(测试液,如 25 μL)被注入样品定量环,当样品阀切换到进样位置时,淋洗液将样品定量环中的测试液(或将富集于浓缩柱上的被测离子洗脱下来)带入分析柱,被测阴离子根据其在分析柱上的保留特性不同实现分离。淋洗液携带试样溶液通过抑制器时,所有阳离子被交换成氢离子,氢氧根型淋洗液转换成水,背景电导率降低;与

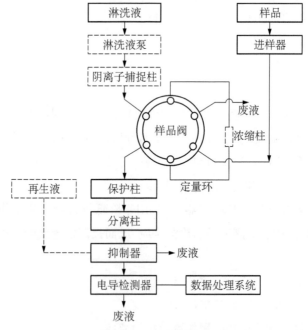

附图 2－1　离子色谱流路图

此同时,被测阴离子被转化成相应的酸,电导率升高。由电导检测器检测响应信号,数据处理系统记录并显示离子色谱图。以保留时间对被测阴离子定性,以峰高或峰面积进行定量测定。

5　试剂

除另有说明外,所用试剂均为分析纯,水为超纯水:电阻率大于或等于 18.2 MΩ・cm。

5.1　氢氧化钾:优级纯。

5.2　碳酸钠:优级纯。

5.3　碳酸氢钠:优级纯。

5.4　丙酮:色谱纯。

5.5　氢氧化钾溶液 $c(KOH) = 100$ mmol/L:称取 5.611 g 氢氧化钾(5.1),加水至 1 000 mL,混匀。也可使用自动淋洗液发生器 OH^- 型制备。

5.6　碳酸盐淋洗液 $c = 5.0$ mmol/L $Na_2CO_3 + 1.0$ mmol/L $NaHCO_3 + 5\%$ 丙酮:称取 0.530 g 碳酸钠(5.2),0.084 g 碳酸氢钠(5.3),移取 50 mL 丙酮(5.4),加水至 1 000 mL,超声混匀。

5.7　氟化物(F)标准溶液(1 000 μg/mL):准确称取 2.210 0 g 氟化钠(NaF,115 ℃干燥 2 h),溶于水,移入 1 000 mL 容量瓶中,稀释至刻度。贮存于聚乙烯瓶中。

5.8　氯化物(Cl)标准溶液(1 000 μg/mL):准确称取 1.648 0 g 氯化钠(NaCl,105 ℃干燥 2 h),溶于水,移入 1 000 mL 容量瓶中,稀释至刻度。

5.9　溴化物(Br)标准溶液(1 000 μg/mL):准确称取 1.490 0 g 溴化钾(KBr,105 ℃干燥 2 h),溶于水,移入 1 000 mL 容量瓶中,稀释至刻度。贮存于棕色瓶中。

5.10　碘化物(I)标准溶液(1 000 μg/mL):准确称取 1.308 0 g

碘化钾(KI,105 ℃干燥 2 h),溶于水,移入 1 000 mL 容量瓶中,稀释至刻度。贮存于棕色瓶中。

5.11 亚硝酸盐(NO_2)标准溶液(1 000 μg/mL):准确称取 1.489 0 g 亚硝酸钠($NaNO_2$,105 ℃干燥 2 h),溶于水,移入 1 000 mL 容量瓶中,稀释至刻度。

5.12 硫氰酸盐(SCN)标准溶液(1 000 μg/mL):准确称取 1.673 0 g 硫氰酸钾(KSCN,105 ℃烘 2 h),溶于水,移入 1 000 mL 容量瓶中,稀释至刻度。

5.13 氟、氯、溴、碘化物,亚硝酸盐,硫氰酸盐混合标准工作溶液:按 7.4.1 的表 2 中离子浓度,配制混合标准工作液(也可根据试样溶液中的离子浓度范围,再进行实际情况调整)。或直接使用市售有标准物质证书的、有效期内的元素标准水溶液。浓度为 1 000 μg/mL,再经水稀释至 100,20 μg/mL 等。

6 仪器和设备

6.1 离子色谱仪:配电导检测器。

6.2 超声波清洗器。

6.3 离心机:4 000 r/min 转速。

6.4 小型高速粉碎机。

6.5 分析天平:感量 0.1 mg。

6.6 水性滤膜针头滤器:0.22 μm。

6.7 钡(Ba)离子过滤柱:1 mL。

Ba 柱(1 mL)的活化:使用前用 10 mL 水冲洗 Ba 柱,推动液体流出速度不超过 3 mL/min,活化后待用。

6.8 SPE - C_{18}柱:(1 mL)。

SPE - C_{18}柱(简称 C_{18}柱)的活化:先 5 mL 甲醇通过 C_{18}小柱,控制液体流出的速度不超过 3 mL/min。再用 15 mL 二次去离子

水冲洗 C_{18} 柱,控制液体流出的速度不超过 3 mL/min,平放静置活化 20 min,待用。

6.9　银/氢(Ag/H)离子过滤柱:1 mL。

注:使用银/氢(Ag/H)离子过滤柱目的是在试液中 Cl^- 含量较高时,避免 Cl^- 对 NO_2^- 的干扰。

Ag/H柱(1 mL)的活化:使用前用 10 mL 水冲洗 Ag 柱,推动液体流出速度不超过 3 mL/min,活化后待用。

7　分析步骤

7.1　试样的制备

按 GB/T 8571 规定制备样品,进行机械粉碎至粒度小于0.5 mm,分装于样品袋中,并密封置于干燥器里备用。

7.2　提取

称取适量试料,置于 100 mL 容量瓶中,加水至近 100 mL,摇匀,使其各待测离子浓度范围分别为: F^-(0.1～20 μg/mL), Cl^-(0.1～200 μg/mL), Br^-(0.2～20 μg/mL), I^-(0.2～20 μg/mL), NO_2^-(0.1～20 μg/mL), SCN^-(0.4～20 μg/mL)。在室温下水浴超声 30 min,放置片刻,用水定容至刻度,摇匀。取部分溶液离心机离心 5～10 min。

取上述离心清液 5 mL,通过 0.22 μm 混合纤维树脂微孔滤膜后,再缓慢推入分别或串联的活化后的 SPE-C18 柱,Ba 柱或 Ag/H 柱,控制液体流出的速度不超过 3 mL/min,弃去前 3 mL,剩余1～2 mL 液体进样检测。

注:SPE-C18 柱用于去除试料中的有机物,Ba 柱用于去除试料中过量的硫酸根和磷酸根,Ag/H 柱用于除去试料中高含量的氯根,以便准确定量测定亚硝酸根。可根据样品的实际情况选取其中的一种或几种,或几种都不用。

7.3　参考离子色谱条件 1(梯度色谱条件)

7.3.1　色谱柱:氢氧化物选择性,可兼容梯度洗脱的高容量阴离子交换柱。

7.3.2　柱温箱温度:30 ℃。

7.3.3　抑制器:连续自动再生膜阴离子抑制器,或等效抑制装置。

7.3.4　检测器:电导检测器,检测池温度 35 ℃。

7.3.5　淋洗液:氢氧化钾溶液(5.1),梯度淋洗。淋洗液 OH⁻ 浓度变化梯度程序见附表 2-1。

附表 2-1　淋洗梯度程序

时间(min)	OH⁻浓度(mmol·L⁻¹)	时间(min)	OH⁻浓度(mmol·L⁻¹)
0.00	8	34.50	70
12.50	8	41.00	8
14.50	70		

7.3.6　淋洗液流速:1.0 mL/min。

7.3.7　进样体积:25 μL,可根据测试溶液中被测离子含量进行调整。

7.4　参考离子色谱条件 2(等度色谱条件)

7.4.1　色谱柱:碳酸盐选择性,阴离子交换柱。

7.4.2　柱温箱温度:40 ℃。

7.4.3　抑制器:自动再生阴离子抑制器,或等效抑制装置。

7.4.4　检测器:电导检测器,检测池温度 35 ℃。

7.4.5　淋洗液:碳酸盐淋洗液(5.6),等度淋洗。

7.4.6　淋洗液流速:0.7 mL/min。

7.4.7　进样体积:20 μL,可根据样品中被测离子含量进行调整。

7.5　测定

7.5.1　标准曲线

分别移取氟、氯、溴、碘化物,亚硝酸盐,硫氰酸盐标准使用液,按表 2 配制混合离子标准溶液系列,用作校准曲线(必要时标液进样与所测定试液一样,通过 C_{18} 柱和 Ba 柱处理)。

附表 2-2　混合离子标准溶液浓度　(单位:$\mu g \cdot mL^{-1}$)

标号	F^-	Cl^-	Br^-	I^-	NO_2^-	SCN^-
标 0	0	0	0	0	0	0
标 1	0.1	0.1	0.2	0.2	0.1	0.5
标 2	1.0	1.0	1.0	1.0	1.0	1.0
标 3	5.0	10.0	5.0	5.0	5.0	5.0
标 4	20.0	50.0	10.0	10.0	10.0	20.0

7.5.2　样品测定

用 1.0 mL 注射器分别吸取空白和试样溶液,在相同工作条件下,依次注入离子色谱仪中,记录色谱图。根据保留时间定性,分别测定空白和样品的峰高(μs)或峰面积。典型离子色谱图参见附图 2-1(梯度色谱条件)和附图 2-2、附图 2-3(等度色谱条件)。

空白溶液除不加样品外按样品处理步骤进行处理。

样品待测液中待测物的响应值应在标准线性范围之内。

8　分析结果的表述

试料中氟离子、氯离子、溴离子、碘离子、亚硝酸根离子和硫氰根离子的含量 X,数值以 mg/kg 表示,按式(1)计算:

$$X = \frac{(c - c_0) \times V \times f \times 1\,000}{m \times 1\,000}。 \tag{1}$$

在式(1)中:

X——试样中氟离子、氯离子、溴离子、碘离子、亚硝酸根离子和硫氰根离子的含量,单位为毫克每千克(mg/kg);

c——测定用试样溶液中的氟离子、氯离子、溴离子、碘离子、亚硝酸根离子和硫氰根离子浓度,单位为毫克每升(mg/L);

c_0——空白溶液中氟离子、氯离子、溴离子、碘离子、亚硝酸根离子和硫氰根离子浓度,单位为毫克每升(mg/L);

V——试样溶液体积,单位为毫升(mL);

f——试样溶液稀释倍数;

m——试样取样量,单位为克(g)。

计算结果保留三位有效数字。

9 精密度

在重复性条件下获得的两次独立测定结果的绝对差值不得超过算术平均值的 10%(重复性)。

在不同实验室下两次测定结果的绝对差值不得超过算术平均值的 15%(再现性)。

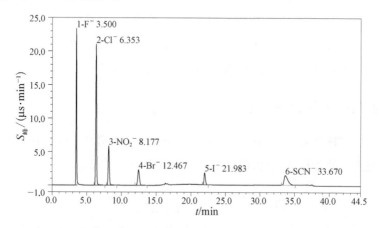

附图 2-1 氟离子、氯离子、亚硝酸根离子、溴离子、碘离子和硫氰根离子在 Dionex IonPac®AS18 柱上的标准图谱(梯度色谱图)

1—氟离子(3.500 min);2—氯离子(6.353 min);3—亚硝酸根离子(8.177 min);4—溴离子(12.467 min);5—碘离子(21.983 min);6—硫氰根离子(33.670 min)。

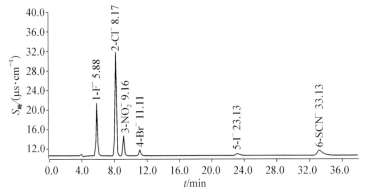

附图2-2　氟离子、氯离子、亚硝酸根离子、溴离子、碘离子和硫氰根离子在 Metrsep A Supp 5-250 分析柱上的标准图谱(等度色谱图)

1—氟离子(5.88 min)；2—氯离子(8.17 min)；3—亚硝酸根离子(9.16 min)；4—溴离子(11.11 min)；5—碘离子(23.13 min)；6—硫氰根离子(33.13 min)。

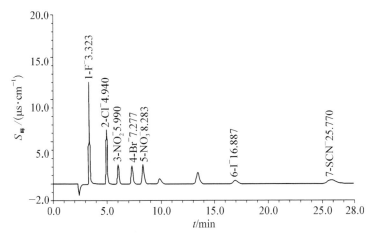

附图2-3　氟离子、氯离子、亚硝酸根离子、溴离子、碘离子和硫氰根离子在 Dionex IonPac® AS22 柱上的标准图谱(等度色谱图)

1—氟离子(3.32 min)；2—氯离子(4.94 min)；3—亚硝酸根离子(5.99 min)；4—溴离子(7.28 min)；6—碘离子(16.89 min)；7—硫氰根离子(25.77 min)。

参考文献

［1］Xin H，Stone R. Chinese Probe Unmasks High-Tech Adulteration With Melamine［J］. *Science Magazine*，2008，**322**(5906):1310 - 1311.

［2］Jacob C C，Reimschuessel R，Tungeln，L，*et. al.* Dose-response assessment of nephrotoxicity from a 7-day combined exposure to melamine and cyanuric acid in F344 rats［J］. *Toxicological Sciences*，2011，**119**(2):391 - 397.

［3］唐玲丽，王辉，董元华，等. 三聚氰胺在我国五种代表性土壤中的吸附特征［J］. 土壤通报，2010，**41**(3):723 - 727.

［4］陈博文，潘朝思，高彦，等. 动植物产品中三聚氰胺的无意污染与对策建议［J］. 检验检疫学刊，2009，**19**(1):1 - 4.

［5］中国食品土畜进出口商会. 三聚氰胺风波向蔬菜蘑菇蔓延［J］. 浙江食用菌，2008，**16**(6):2.

［6］段文仲，马育松，陈瑞春，等. 食品中三聚氰胺污染途径及控制对策研究［J］. 食品科学，2010，**31**(1):283 - 286.

［7］黄士新，李丹妮，张文刚，等. 畜禽场周边土壤和水中环丙氨嗪和三聚氰胺污染情况调查［J］. 农业环境与发展，2010(2):87 - 90.

［8］成杰民，陈学，龚勇. 三聚氰胺废渣农用的可行性研究［J］. 农业环境科学学报，2003，**22**(2):194 - 198.

［9］梁英，井大炜，杨广怀，等. 三聚氰胺废渣氮素释放特征及影响因素研究［J］. 中国农学通报，2008，**24**(10):317 - 321.

［10］ Weil E D, Choudhary V. Flame-retarding plastics and elastormers with melamine［J］. *Journal of Fire Science*, 1995,**13**(2):104 - 126.

［11］ Muniz-Valencia R, Cebalios-Magana S G, Rosales-Martinez D, *et al*. Method development and validation for melamine and its derivatives in rice concentrates by liquid chromatography. Application to animal feed samples［J］. *Anal Bioanal Chem*, 2008,**392**(3):523 - 531.

［12］ Reimschuessel R, Gieseker C M, Miller R A, *et al*. Evaluation of the renal effects of experimental feeding of melamine and cyanuric acid to fish and pigs［J］. *American Journal of Veterinary Research*, 2008,**69** (9):1217 - 1228.

［13］ 江泉观,纪云晶,常元勋. 环境化学毒物防治手册［M］. 北京:化学工业出版社,2004:937.

［14］ Food and Agriculture Organization. Interim Melamine and Analogues Safety/Risk Assessment ［EB/OL］. http://www. fao. org 2007 - 05 -25.

［15］ Food and Agriculture Organization. Interim Safety and Risk Assessment of Melamine and Its Analogues in Food for Humans ［EB/ OL］. http://www. who. int 2008 - 10 - 03.

［16］ 中华人民共和国卫生部.《生乳》(GB 19301—2010)等 66 项食品安全国家标准,卫通（2010）7 号［EB/OL］. http://www. biodiscover. com/news/2010 -04 - 22.

［17］ 中华人民共和国卫生部,中华人民共和国工业和信息化部,中华人民共和国农业部,等. 关于三聚氰胺在食品中的限量值的公告［EB/OL］. http://www. biodiscover. com/news/politics/2011 - 04 - 06.

［18］ 林祥梅,王建峰,贾广乐,等. 三聚氰胺的毒性研究［J］. 毒理学杂志, 2008,**22**(3):216 - 218.

［19］ 王玉燕,柴玮杰,王明秋,等. 三聚氰胺形成肾结晶体机制与肾损伤关系的研究［J］. 毒理学杂志,2010,**24**(5):367 - 371.

［20］ Dobson R L, Motlagn S, Quijano M, *et al*. Identification and characterization of toxicity of contaminants in pet food leading to an outbreak of renal toxicity in cats and dogs [J]. *Toxicological Sciences*, 2008,**106**(1):251-262.

[21] Okumura M, Hasegawa R, Shirai T, *et al*. Relationship between calculus formation and carcinogenesis in the urinary bladder of rats administered the non-genotoxic agents thymine or melamine [J]. *Carcinogenesis*, 1992,**13**(6):1043-1045.

[22] Cremonezzi D C, Silva RA, Pilar Diaz M, *et al*. Dietary polyunsatured fatty acids (PUFA) differentially modulate melamine-induced preneoplastic urothelial proliferation and apoptosis in mice [J]. *Prostaglandins Leukot Essent Fatty Acids*, 2001,**64**(3):151-159.

[23] Cianciolo R, Ezbischoff K, Ebel J G, *et al*. Clinicopathologic, histologic, and toxicologic findings in 70 cats inadvertently exposed to pet food contaminated with melamine and cyanuric acid [J]. *Journal of the American Veterinary Medical Association*, 2008,**233**(5):729-737.

[24] Nilubol D, Pattanaseth T, Boonsrl K, *et al*. Melamine and cyanuric acid-associated renal failure in pigs in Thailand [J]. *Veterinary Pathology*, 2009,**46**:1156-1159.

[25] The physical and theoretical chemistry laboratory, Oxford University. Safety data For melamine [DB/OL]. http://msds. ehem. OX. ac. uk/ME/melamine. html. 2008-10-30.

[26] 国际化学品安全规划署, 欧洲联盟委员会编. 国家经贸委安全生产局, 北京化工研究院环保所译. 国际化学品安全卡手册(第三卷)[M]. 北京:化学工业出版社,1999:540-541.

[27] Organization for Economic Co-operation and Development. OECD Screening Information Data Set [M]. Paris:UNEP Publications, 1998:111-133.

[28] 王京文, 周航, 卜惠斐, 等. 灭蝇胺及其代谢物三聚氰胺在大棚黄瓜上的残留降解动态[J]. 农药,2011,**50**(2):130-140.

[29] Sancho J V, Ibanez M, Grimalt S, *et al*. Residue determination of cyromazine and its metabolite melamine in chard samples by ion-pair liquid chromatography coupled to electrospray tandem mass spectrometry [J]. *Analytica Chimica Acta*, 2005,**530**:237 – 243.

[30] Hartley D, Kidd H. *The Agrochemicals Handbook* [M]. UK, Nottingham: The Royal Society of Chemistry, 1983.

[31] Ingelfinger J R. Melamine and the Global Implications of Food Contamination [J]. *New England Journal Of Medicine*, 2008,**359**: 2745 – 2748.

[32] Yang R, Haung W, Zhang L, *et al*. Milk adulteration with melamine in China: crisis and response [J]. *Qual. Ass. & Safety Crops & Foods*, 2009,**1**:111 – 116.

[33] Mosel D K, Daniel W H, Freeborg R P. Melamine and amelamine as nitrogen sources for turfgrasses [J]. *Fertilizer Research*, 1987,**11**: 79 – 86.

[34] Bowman D C, Paul J L. Absorption of three slow-release nitrogen sources for turfgrasses [J]. *Fertilizer Research*, 1991,**29**:309 – 316.

[35] Tse-chou Chang ete. Response of rice plant to combination nitrogen fertilizer containing urea and slowly available nitrogen compounds [J]. *J of Chinese Agricul Chem Soc*, 1997,**35**(5):495 – 502.

[36] Petrovis A M, The fate of nitrogenous fertilizers applied to turf grass. *J Environ Qual*, 1990,**19**:1 – 14.

[37] Peacock C H. Turf respose to triasine carriers as influence by Pseudomonas inoculant [J]. *Agron J*, 1992,**84**:583 – 585.

[38] Hauck R D, Stephensen H F. Nitrification of triazine nitrogen [J]. *Fertilizer Nitrogen Sources*, 1964,**12**(2):147.

[39] Balke N E, Price T P. Relationship of lipophilicity to influx and efflux of triazine herbicides in oat roots [J]. *Pest Biochem Physiol*, 1988,**30**: 228 – 237.

[40] 刘相甫,王旭.肥料中掺入三聚氰胺的风险分析[J].中国土壤与肥料, 2010(1):11-18.

[41] 韩冬芳,王德汉,黄培钊,等.三聚氰胺在土壤中的残留及其对大白菜生长的影响[J].环境科学,2010,**31**(3):787-792.

[42] Goutailler G, Valette J C, Guillard C, et al. Photocatalysed degradation of cyromazine in aqueous titanium dioxide suspensions: comparison with photolysis [J]. *J Photochem Photobiol A-Chem*, 2001,**141**(1):79-84.

[43] Shelton D R, Karns J S, Mccarty G W, et al. Metabolism of melamine by Klebsiella terragena [J]. *Applied and Environmental Microbiology*, 1997,**63**:2832-2835.

[44] 白由路,卢艳丽,王磊,等.三聚氰胺在作物生长过程中的传导性研究[J].科技创新导报,2010,**6**:2-3.

[45] Jing Ge, Liu wei Zhao, et al. Rapid determination of melamine in soil and strawberry by LC-MS [J]. *Food Control*, 2011,**22**(10):1629-1633.

[46] Yong qiang Tiana B, et al. Composting of waste paint sludge containing melamine resin and the compost's effect on vegetable growth and soil water quality [J]. *Environmental Pollution*, 2012,**162**:129-137.

[47] Tian Y, Chen L, Gao L, et al. Comparison of three methods for detection of melamine in composite and soil [J]. *Sci Tetal Environ*, 2012,**417/418**:255-262.

[48] 李红,高茹英,秦莉,等.堆肥中土霉素和金霉素的液相色谱荧光检测方法[J].安徽农业科学,2010,**38**(20):10839-10840,10842.

[49] 何文远,杨海真,顾国维.反相-高效液相色谱分析有机液肥中腐胺、亚精胺、精胺含量[J].中国土壤与肥料,2008(3):83-85.

[50] 唐春玲,张文清,夏玮,等.固相萃取——高效液相色谱法测定有机肥中四环素类抗生素药物残留[J].中国土壤与肥料,2011(2):92-96.

[51] 李雅男.有机-无机复混肥料中总氮及除草剂苄嘧磺隆含量的测定[J].河南化工,2008,**25**:45-46.

[52] 郭晓霖.高效液相色谱法检测乳制品中三聚氰胺的探讨[J].农产品加工·创新版,2011,**7**:112 - 115.

[53] 李雪梅,赵国群,李再兴.超临界流体萃取技术及其在食品工业中的应用[J].河北科技大学学报,1999,**20**(2):68 - 71.

[54] 陶锐.超临界流体萃取技术进展[J].中国卫生检验杂志,1999,**9**(1):74 - 79.

[55] Richier B E, Ezzell J L, Felix J, *et al*. A comparison of accelerated solvent Extraction for organophosphorus pesticides and herbicides [J]. *LC/GC*, 1995,**13**:390 - 398.

[56] US EPA SW - 846. Method 3545. Test methods for evaluating solid waste [M]. Washington D C: U S GPO. 1995,**7**:1 - 12.

[57] Pitzer K S. Thermodynamics [M]. New York: McGraw-Hill. 1961:118.

[58] Kim B, LeBlanc L A, Bushway R J, *et al*. Applicability of pressurized liquid extraction for melamine analysis in pet foods with high-performance liquid chromatography with diode array detection [J]. *Food Anal Methods*, 2010,**3**:188 - 194.

[59] 贾金平,何翙,黄骏雄.固相微萃取技术与环境样品前处理[J].化学进展,1998,**10**(1):74 - 84.

[60] 杨大进,方从容,王竹天.固相微萃取技术及其在分析中的应用[J].中国食品卫生杂志,1999,**11**(3):35 - 39.

[61] 陈友存.新型样品制备技术-固相微萃取[J].安庆师范学院学报(自然科学版),1998,**4**(3):49 - 50.

[62] 黄义彬,郑丽,欧翔,等.高效液相法测定鸡蛋中三聚氰胺的残留量[J].贵州农业科学,2009,**37**(6):221 - 223.

[63] 魏晋梅,张咏梅,王继卿,等.高效液相法检测饼干中的三聚氰胺[J].浙江大学学报(农业与生命科学版),2010,**36**(1):115 - 118.

[64] 王登飞,黄智辉,郑俊超,等.固相萃取- HPLC法测定水产品中三聚氰胺残留量[J].水产科学,2009,**28**(10):591 - 593.

[65] Yang X L, Matsuura H, Fu Y, *et al*. MFH－1 is required for bone morphogenetic protein－2－induced osteoblastic differentiation of $C_2 C_{12}$ myoblasts [J]. *Febs Letters*, 2000,**470**:29－34.

[66] GB/T 9567—1997. 工业三聚氰胺,中国国家标准(强制性)[S].

[67] 袁立勇,马朝卫,杜亚辉. 溶液中三聚氰胺含量的快速测定[J]. 河南化工,2004(4):42.

[68] 陈一虎. 自动电位滴定法测定试样中三聚氰胺的含量[J]. 现代企业教育,2008(22):112.

[69] 胡继明,胡军. 拉曼光谱在分析化学中的某些应用进展[J]. 光散射学报,1998(21):375－381.

[70] Lin M, He L, Awika J. *et al*. Detection of Melamine in Gluten, Chicken Feed, and Processed Foods Using Surface Enhanced Raman Spectreseopy and HPLC[J]. *Journal of Food Science*, 2008,**73**(8):129－134.

[71] 陈安宇,焦义,刘春伟,等. 采用增强拉曼检测技术对牛奶中三聚氰胺的检测[J]. 中国卫生检验杂志,2009,**8**(8):1710－1712.

[72] 胡阶明. Spectra-Quad 实现三聚氰胺含量在线检测[J]. 食品安全导刊,2008(2):56－57.

[73] 刘景旺,张博洋,李树峰,等. 近红外吸收光谱技术快速检测奶制品中添加三聚氰胺[J]. 光散射学报,2010,**22**(3):291－297.

[74] 徐云,王一鸣,吴静珠,等. 用近红外光谱检测牛奶中的三聚氰胺[J]. 红外与毫米波学报,2010,**29**(1):53－56.

[75] 胡阶明. 实现三聚氰胺含量在线检测[J]. 食品安全导刊,2008(2):56－57.

[76] 林涛,于海燕,应义斌. 可见/近红外光谱技术在液态食品检测中的应用研究进展[J]. 光谱学与光谱分析,2008,**28**(2):285－290.

[77] World Health Organization. Analytical methods available for detecting and quantifying melamine and cyanuric acid in food (and feed) [EB/OL]. http://www. Who. int/feodesfety/fs-menngemont/Melamine-

inethods. Pdf. 2008 - 09 - 25.

[78] 陈锡龙,黄瑾,钱莘莘. 使用酶联免疫吸附法测定饲料中三聚氰胺的研究[J]. 饲料工业,2008,**29**(18):53 - 55.

[79] 焦嫚,董学芝. 三聚氰胺分析检测方法的研究进展[J]. 化学研究,2010,**21**(1):91 - 95.

[80] 刘红菊,闫冲,李国糅,等. 高效液相色谱法测定饲料及食品中三聚氰胺的研究[J]. 中国医药导报,2010,**7**(18):12 - 14.

[81] GB/T 22388—2008,原料乳与乳制品中三聚氰胺检测方法[M]. 北京:中国标准出版社,2008:1 - 12.

[82] 张文刚,曹莹,李丹妮,等. 高效液相色谱法测定鸡蛋中的三聚氰胺[J]. 饲料检测,2009(6):47 - 48.

[83] 杨云霞,刘彤,周桂英,等. 小麦谷元粉中三聚氰胺的高效液相色谱法测定[J]. 分析测试报,2008,**27**(3):322 - 324.

[84] 李臣,周洪星,石骏,等. 三聚氰胺的特性及其检测[J]. 试验研究. 2009(1):62 - 65.

[85] 胡阳,倪辉,吴光斌,等. 高效液相色谱法测定乳制品中三聚氰胺的含量[J]. 集美大学学报,2010(1):36 - 37.

[86] 李浪,罗季,徐群,等. 高效液相色谱-紫外检测法快速检测液态牛奶和奶粉中的三聚氰胺[J]. 中国实验室,2010,**8**(2):27 - 31.

[87] 卢跃鹏,江小明,杨永,等. 三聚氰胺的色谱检测技术研究进展[J]. 武汉大学学报(理学版),2009(6):289 - 294.

[88] Roberto M V, Silvia G C M, Daniel R M, *et al*. Method development and validation for melamine and its derivatives in dee concentrates by liquid chromatography. Application to animal feed samples [J]. *Analytical and Bioanalytical Chemistry*, 2008,**392**:523 - 531.

[89] 杨云霞,刘彤,周桂英,等. 小麦谷元粉中三聚氰胺的高效液相色谱法测定[J]. 分析测试学报,2008,**27**(3):322 - 324.

[90] Shin O, Tatsuo F, Yasuhiko L, *et al*. Determination of melamine derivatives, Melame, melem, ammeline and ammelide by high-

performance cation-exchange chromatography [J]. *Journal of Chromatography A*, 1998, **815**: 197 - 204.

[91] 魏瑞成, 黄思瑜, 侯翔, 等. 鸡蛋中三聚氰胺残留的检测[J]. 江苏农业学报, 2008, **24**(6): 936 - 939.

[92] 魏瑞成, 王冉, 刘伟荣. 高效液相色谱法测定鸡蛋、牛奶和猪肉中环丙氨嗪及三聚氰胺的实验研究[J]. 食品科学, 2008, **29**(12): 605 - 609.

[93] Robert A Y, Louis C, Mayer R R, *et al*. Analytical Method for the Determination of Cyromazine and Melamine Residues in Soil Using LC-UV and GC-MSD [J]. *Journal of Agricultural and Food Chemistry*, 2000, **48**: 3352 - 3358.

[94] Ehling S, Tefera S, Ho I P. High-performance liquid chromatographic method for the simultaneous detection of the adulteration of cereal flours with melamine and related triazine by-products ammeline, Ammelide, and cyanurie acid [J]. *Food Additives and Contaminants*, 2007, **24**(12): 1319 - 1325.

[95] 宫小明, 董静, 孙军, 等. HPLC 法测定植物性原料中三聚氰胺[J]. 分析检测, 2008, **29**(4): 321 - 323.

[96] 吴红军, 成强, 陈红燕. 固相萃取——液相色谱法测定水产品中三聚氰胺[J]. 现代农业科技, 2010(11): 341 - 342.

[97] 梁剑, 钟茂生, 朱品玲, 等. 水产品中三聚氰胺含量的快速检测方法研究[J]. 安徽农业科学, 2009, **37**(28): 13446 - 1347, 13472.

[98] 张莉, 曾明华, 阮祥春. 鸡肉中三聚氰胺残留量检测方法研究[J]. 安徽农业科学, 2009, **37**(8): 3361 - 3363.

[99] 蒋晨阳, 范倩, 林德清, 等. 气质联用法测定饲料中的三聚氰胺[J]. 饲料工业, 2008, **29**(8): 48 - 50.

[100] 李东刚, 李春娟, 鞠福龙, 等. 非衍生-气相色谱串级质谱法测定饲料中三聚氰胺[J]. 中国测试, 2009, **35**(4): 65 - 67, 71.

[101] 鲍长生. 冷链物流系统内食品安全保障体系研究[J]. 现代管理学, 2007(9): 66 - 67.

[102] 俞建君,吴芳珍.反相离子对色谱法测定工业三聚氰胺含量[J].广东化工,2007,**34**(171):126-127.

[103] 辜雪英,吴小花,仇满珍.饲料中三聚氰胺残留量高效液相色谱测定的研究[J].江西化工,2007(2):70-73.

[104] 冯薇,王伯初,米鹏程,等.适用于LC-MS的三聚氰胺检测新方法[J].广东农业科学,2008(4):62-64.

[105] 赵晓娟,李星芝,王俊全,等.液相色谱技术在三聚氰胺检测方面的应用研究进展[J].天津化工,2012,**26**(2):1-6.

[106] 郎印海,蒋新,赵振华,等.土壤中13种有机氯农药超声波提取方法研究[J].环境科学学报,2004(2):291-296.

[107] 杨晓为,王芳,杨晓云.鱼藤酮在不同类型土壤中的降解[J].安全与环境学报,2008,**8**(4):15-18.

[108] 何红波,张旭东.黑碳在土壤有机碳生物地球化学循环中的作用[J].土壤通报,2006,**37**(3):576-581.

[109] Soldal T, Nissen P M. Multiphasic uptake of amino acids by barley roots[J]. *Physical Plant*, 1978,**43**(3):181-188.

[110] 玉宁,梁辉朝,徐俊峰.三聚氰胺对藻类的毒性效应及其机理研究[J].安全与环境学报,2011,**11**(20):1-4.

[111] 中国新闻网,中国9%耕地养活全球21%人口,[EB/OL],http://www.chinanews.com/gn2011-04-18.

[112] 叶常明.多介质环境污染研究[M],北京:科学出版社,1997,195-198.

[113] 买永彬,顾方乔,岣战.农业环境学[M].北京:中国农业出版社,1994,65-77.

[114] 杨景辉.土壤污染与防治[M].北京:科学出版社,1995,235-280.

[115] GB 18406.1—2001,农产品安全质量无公害蔬菜安全要求,中国国家标准(强制性)[S].

[116] GB 18406.2—2001,农产品安全质量无公害水果安全要求,中国国家标准(强制性)[S].

[117] GB 19338—1994,农产品蔬菜中硝酸盐限量,中国国家标准(强制性)

[S].

[118] GB 15198—2003,食品中亚硝酸盐限量卫生标准,中国国家标准(强制性)[S].

[119] GB/T5009.33—2003,食品中亚硝酸盐与硝酸盐的测定,中国国家标准(推荐性)[S].

[120] GB/T 15401—1994,水果、蔬菜及其制品-亚硝酸盐和硝酸盐含量的测定,中国国家标准(推荐性)[S].

[121] GB/T 5413.32—1997,乳粉 硝酸盐、亚硝酸盐的测定,中国国家标准(推荐性)[S].

[122] GB 18382—2001,肥料标识内容和要求,中国国家标准(强制性)[S].

[123] SN/T 0736.9—1999,硝酸银滴定法测定氯离子,检验检疫行业标准[S].

[124] SN/T 0736.9,肥料中高氯含量测方法,检验检疫行业标准[S].

[125] GB/T 116.7—1997,电子级水中痕量氯离子、硝酸根离子、磷酸根离子、硫酸根离子的离子色谱测试方法,中国国家标准(推荐性)[S].

[126] DZ/T 0064.51—1993,地下水质检验方法离子色谱法测定氯离子、氟离子、溴离子、硝酸根和硫酸根,中国地质行业标准(推荐性)[S].

[127] 胡晓静,郑江,罗云莲,等.离子选择电极法测定矿物饲料及矿物肥料中的氟[J].辽宁师范大学学报,2008,**31**(3):333 - 335.

[128] 赖晓绮,薛君,黄承玲.催化动力学电位法测定痕量亚硝酸根[J].分析科学学报,2002,**18**(4):294 - 296.

[129] 李茂国,王广凤,高迎春,等.纳米银修饰电极对痕量硫氰根的测定[J].理化检测-化学分册,2005,**41**(5):305 - 307.

[130] 吴代赦.植物对土壤中氟吸收、富集的研究进展[J].南昌大学学报(工科版),2008,**30**(2):234 - 247.

[131] 李建国,李菊.氟离子选择电极法在测试中应注意的问题[J].分析试验室,2001,**20**(1):17 - 18.

[132] 巩春侠,魏小平,等.离子选择电极测定硫氰根[J].应用化学,2010,**27**(8):19 - 23.

[133] 蔡英俊,倪永年.分光光度法测定微量硫氰酸盐[J].南昌大学学报(理科版),2003(2):124 - 126.

[134] 孔继川,樊静,等.荧光动力学测定唾液中硫氰根[J].分析测试学报,2006(1):65 - 68.

[135] 张业明,黄翠花.极谱法测定痕量亚硝酸盐[J].环境科学与技术,2001(5):211 - 215.

[136] 袁冬梅,杨玲娟,等.罗丹明 B 光度法测定 NO_2^- 研究[J].应用化工,2006(1):35 - 38.

[137] 董存智,吴伟东.藏红 T 荧光测定 NO_2^- 研究[J].光谱学与光谱分析,2003(1):51 - 53.

[138] 黄明元,甘露,等.离子色谱测定水中 NO_2[J].中国卫生检验杂志,2005(10):336 - 337.

[139] 黄碧兰,刘丽.饮用水中氟氯溴硫酸根氯酸根等离子色谱分析[J].中国卫生检验杂志,2006(10):416 - 419.

[140] 谢建鹰,雷明建,余锦玉.光度法测定痕量溴[J].分析实验室,2011(8):201 - 203.

[141] 刘树文,张成伟.X 射线荧光光谱法测定东营地区卤水中的氯溴碘[J].中国测试技术,2006,**32**(5):133 - 135.

[142] 薛宏基,汤大卫,丁贵平.放大反应滴定法测定食品中的微量碘[J].食品科学,1995,**16**(9):53 - 55.

[143] 钟志雄,李攻科.海产品中氟、溴、碘与硫的电导-紫外串联检测离子色谱法分析[J].分析测试学报,2009,**28**(5):572 - 575.

[144] 高云川,孙明星,等.电感耦合等离子体质谱法测定煤焦中 As, Br, I[J].分析化学,2007(8):387 - 389.

[145] 牟世芬,刘克纳.离子色谱方法及应用[M].北京:化学工业出版社,2000.

[146] GB/T 14642—1993,工业循环冷却水及锅炉水中氟、氯、磷酸根、亚硝酸根、硝酸根和硫酸根的测定　离子色谱法,中国国家标准(推荐性)[S].

[147] Bolanča T, Cerjan-Stefanović Š, Luša M. Determination of Inorganic Ions in Fertilizer Industry Wastewater by Ion Chromatography [J]. *Chromatographia*, 2006, **63**(7 - 8): 395 - 400.

[148] Miskaki P, Lytras E, Kousouris L, *et al*. Data quality in water analysis. validation of ion chromatographic method for the determination of routine ions in potable water [J]. *Desalination*, 2007, **213**: 182 - 188.

图书在版编目(CIP)数据

肥料中三聚氰胺的检测方法及其迁移转化研究/孙明星等编著. —上海:
复旦大学出版社,2014.3
ISBN 978-7-309-10326-7

Ⅰ.肥… Ⅱ.孙… Ⅲ.①肥料-检测-研究②肥料-转化-研究 Ⅳ.S14-3

中国版本图书馆 CIP 数据核字(2014)第 027625 号

肥料中三聚氰胺的检测方法及其迁移转化研究
孙明星 周 辉 沈国清 李 晨 等 编著
责任编辑/范仁梅

复旦大学出版社有限公司出版发行
上海市国权路 579 号 邮编:200433
网址:fupnet@ fudanpress.com http://www.fudanpress.com
门市零售:86-21-65642857 团体订购:86-21-65118853
外埠邮购:86-21-65109143
江苏凤凰数码印务有限公司

开本 890×1240 1/32 印张4.5 字数103 千
2014 年 3 月第 1 版第 1 次印刷

ISBN 978-7-309-10326-7/S・07
定价:18.00 元

如有印装质量问题,请向复旦大学出版社有限公司发行部调换。
版权所有 侵权必究